编委会名单

编　　著：胡 平　陈鹭真　张 崧　张凯帆

参编人员（按姓氏笔画为序）：

邓洪涛　石俊慧　叶 潇　刘伊凡　刘晓俊
刘晓晶　刘赞锋　汤 奇　杜 欢　杨 琼
吴苑玲　吴泽峰　陈 婷　陈亚玲　陈灿杰
陈晓茜　周 莉　胡柳柳　胡雪莲　骆庆焕
徐华林　曾立强　熊展辉

图片摄影（按姓氏笔画为序）：

白剑秋　朱兴超　闫保华　李步杭　李健祥
杨 琼　杨盛昌　陈鹭真　欧 鹏　胡柳柳
贾凤龙　顾肖璇　鹿向荣　章雅倩　Nuryani Widagti

福田红树林

蓝碳的力量与未来

胡 平　陈鹭真　张 崧　张凯帆　编著

厦门大学出版社　国家一级出版社
XIAMEN UNIVERSITY PRESS　全国百佳图书出版单位

图书在版编目（CIP）数据

福田红树林：蓝碳的力量与未来 / 胡平等编著.
厦门：厦门大学出版社，2024.12. -- ISBN 978-7
-5615-9648-7

Ⅰ.S718.54

中国国家版本馆CIP数据核字第2025RX4655号

责任编辑	郑　丹
美术编辑	蒋卓群
技术编辑	许克华

出版发行　厦门大学出版社

社　　址　厦门市软件园二期望海路39号

邮政编码　361008

总　　机　0592-2181111　0592-2181406（传真）

营销中心　0592-2184458　0592-2181365

网　　址　http://www.xmupress.com

邮　　箱　xmup@xmupress.com

印　　刷　厦门市竞成印刷有限公司

开本　720 mm×1 020 mm　1/16

印张　9.5

插页　2

字数　180千字

版次　2024年12月第1版

印次　2024年12月第1次印刷

定价　68.00元

本书如有印装质量问题请直接寄承印厂调换

厦门大学出版社
微信二维码

厦门大学出版社
微博二维码

前　言

　　作为高速发展的现代化都市，深圳给人们留下的印象往往是高楼林立、科技前沿。但深入这片繁华的中心，福田红树林在深圳湾畔静静地伫立，见证着深圳的变迁和发展，守护着这片土地的生态平衡。作为我国唯一位于城市腹地的国家级自然保护区，福田红树林不仅是一片珍贵的滨海湿地，更是城市与自然和谐共存的典型代表。

　　红树林是一类生长在潮间带的独特植物群落，主要分布于热带和亚热带地区，具有独特的适应沿海盐碱和淹水环境的能力。作为蓝碳生态系统之一，红树林是生物多样性的天堂，是抵御风暴潮、净化水质的重要屏障，更是全球气候治理中的关键角色——它们能够高效吸收二氧化碳，将大气中的碳固定在土壤中数百上千年，形成"蓝碳库"。福田红树林就是一个天然的"蓝碳库"，虽然其在我国国家级自然保护区中面积最小，但依然具备重要的生态功能和价值。

"蓝碳"是近年来备受关注并不断发展的一个科学概念，指的是由海洋生态系统所吸收、固定和储存的碳及其过程、活动和机制。相比于传统的陆地森林，蓝碳系统不仅固碳能力更强，而且能够长期稳定地储存碳，在应对全球气候变化中表现出良好的应用前景。当前，全球各国纷纷将蓝碳纳入气候变化应对策略，希望通过保护和恢复沿海生态系统，增强碳汇能力，以应对全球气候变化。除此之外，蓝碳还具有重要的经济价值，目前国内外都在积极推动蓝碳市场交易，让"绿水青山"变成"金山银山"成为现实。

尽管如此，全球变暖、海平面上升以及人类活动干扰等因素，仍然使得全球红树林面临严峻的挑战。福田红树林在过去几十年里经历了破坏、恢复、保护和发展的局面，它的历程折射出全球滨海湿地的共同困境。当然，在全球范围内，已有许多成功的红树林修复案例。福田红树林保护区一直积极致力于探索城市红树林的发展路径，通过科学的保护手段和合理的政策干预，为红树林未来的发展提供更多保障，也为全球红树林尤其是城市红树林保护的前行之路提供有价值的参考。

本书聚焦福田红树林，对蓝碳与红树林的概况和发展等相关国内外前沿进行了梳理概括，将最新的研究资料汇集其中，以期为广大读者了解全球气候变化背景下的蓝碳与红树林、感受福田红树林的独特魅力打开一扇窗。

本书由胡平、陈鹭真、张崧、张凯帆共同撰写，由胡平负责总体设计，张凯帆、张崧对全书进行统稿。各章节编写分工如下：胡平编写第二、八章，陈鹭真编写第一、三、六、七章，张崧编写第五章，张凯帆编写第四章和结语。

在此对邓洪涛、吴苑玲、杨琼、胡柳柳、熊展辉、曾立强、骆庆焕、杜欢、陈晓茜、陈亚玲、胡雪莲、叶潇、汤奇、陈婷、徐华林、刘赞锋、周莉、陈灿杰、刘晓晶、刘晓俊、吴泽峰、石俊慧、刘伊凡、李健祥、白剑秋、鹿向荣、朱兴超、欧鹏、贾凤龙、李步杭、闫保华、章雅倩、顾肖璇、孟越、林晨、林清贤、杨盛昌、Nuryani Widagti、李运国、林石狮等参与本书编书过程及为本书提供摄影图片的人员表示由衷的感谢。

限于作者水平，本书难免有疏漏和错误之处，敬请广大读者不吝指正。

编著者

2024 年 12 月

目 录

引 言 / 1

第一章 蔚蓝之滨存奥妙——蓝色碳汇 / 3

第一节 揭开蓝碳的"神秘面纱" ································ 4
　一、什么是蓝碳？ ·· 4
　二、蓝碳的全球分布 ·· 7

第二节 蓝碳的"碳"从何处来 ·· 14
　一、潮间带巨大的"碳捕手" ·· 14
　二、多样的碳来源 ·· 16

第三节 应对气候变化中的"蓝碳力量" ···························· 17
　一、蓝碳与全球气候行动 ·· 17
　二、蓝碳生态系统的服务功能 ·· 19

第二章 陆海相连衔碧玉——福田红树林 / 23

第一节 "海上森林"的奥秘 ·· 24
　一、红树林名称的由来 ·· 24
　二、红树林的物种和类型 ·· 24
　三、红树林的生存之道 ·· 25

第二节　福田红树林 ································· 30

　　　　一、走进福田红树林 ····························· 30

　　　　二、红树植物的花名册 ··························· 32

第三章　城市腹地藏宝库——福田蓝碳 /43

　　第一节　城市腹地的"宝库" ··························· 44

　　　　一、红树林的固碳能力 ··························· 44

　　　　二、监测红树林固碳能力的方式 ··················· 48

　　第二节　福田红树林的固碳功能 ······················· 53

　　　　一、福田红树林的碳储量 ························· 53

　　　　二、福田红树林的固碳速率 ······················· 54

第四章　万类霜天竞自由——蓝碳与生物多样性 /57

　　第一节　植物多样性 ································· 59

　　　　一、红树林区——半红树植物和伴生物种 ··········· 59

　　　　二、基围鱼塘 ··································· 63

　　　　三、陆生植物 ··································· 64

　　第二节　动物多样性 ································· 67

　　　　一、海洋居民：底栖生物与鱼类 ··················· 67

　　　　二、天空精灵：湿地鸟类 ························· 70

　　　　三、大地宠儿：陆生动物 ························· 77

　　第三节　蓝碳与生物多样性的关系 ····················· 82

第五章 人海共济迎挑战——蓝碳与全球变化 /85

第一节 全球变化给深圳的考题 …………………………… 86
一、气候变暖和极端天气 …………………………… 87
二、台风和风暴潮 …………………………… 89
三、城市化与人类影响 …………………………… 90

第二节 红树林的气候变化应对 …………………………… 95
一、红树林保护与生境修复 …………………………… 95
二、法律法规和制度体系完善 …………………………… 99
三、全社会协同治理 …………………………… 99

第六章 绿水青山载福泽——蓝碳的价值 /101

第一节 交易市场中的"蓝色资产" …………………………… 102
一、红树林蓝碳的机遇 …………………………… 102
二、蓝碳可以卖钱——交易的市场机制 …………………………… 104
三、蓝碳怎么算——交易的核证标准 …………………………… 106

第二节 滨海蓝碳交易实际案例 …………………………… 111
一、国际红树林蓝碳项目 …………………………… 111
二、国内红树林蓝碳项目 …………………………… 112

第七章 碧海青林蕴宝珍——蓝碳与人 /117

第一节 基于自然的气候解决方案 …………………………… 118
一、何谓 NbS？ …………………………… 118
二、气候行动中的 NbS …………………………… 120

第二节　候鸟"驿站"的生态修复 …………………………… 122
一、生态鱼塘的构建思路和成效 …………………………… 123
二、生态鱼塘的建设成效 …………………………………… 125

第三节　福田红树林与城市可持续发展 …………………… 128
一、蓝碳和气候减缓策略 …………………………………… 128
二、鸟类迁飞生境保护 ……………………………………… 128
三、科普教育平台 …………………………………………… 129

第八章　鹏程蓝碳缔纽带——红树林国际合作 / 133

第一节　从福田到全球红树林 ……………………………… 134
一、国际红树林中心的成立背景 …………………………… 135
二、国际红树林中心的目标 ………………………………… 136
三、红树林保护，深圳在行动 ……………………………… 137

第二节　红树林保护的时光机 ……………………………… 139

第三节　蓝碳、气候、社区的全球联动 …………………… 140

结　语 / 142
参考文献 /143

引 言

　　红林轻摇翠色中，鹭影婆娑掠树丛。
　　青波深处藏天籁，绿岸轻歌入晴空。

　　福田红树林是广东内伶仃福田国家级自然保护区的重要组成部分，位于深圳湾东北岸，东起福田红树林市级湿地公园，西至南山深圳湾市级湿地公园，南达滩涂外海域和深圳河口，北至滨海大道、广深高速公路，紧靠深圳市中心福田区，是我国唯一位于城市腹地、面积最小的国家级自然保护区。该区域沿海岸线长约 6 公里，总面积为 367.64 公顷。福田红树林 2020 年被列入国家重要湿地名录，2022 年被列入国际重要湿地名录。福田红树林与香港米埔内后海湾国际重要湿地仅一水之隔，共同形成一个半封闭的、与外海直接相连的河口海岸湿地。

　　海陆相接、河海交汇和咸淡水混合的环境特征，孕育了红树林湿地良好的物理环境，使福田红树林成为深圳湾畔的绿色明珠，更成为城市生态的守护者。这片珍贵的城市湿地具有独特的生态功能，为深圳这座现代化都市提供了天然的屏障。它不仅守护着深圳湾的海岸线，净化水体，维持着丰富的生物多样性，成为众多候鸟的栖息地和迁徙通道，更是"城市绿肺"，吐纳清新，为深圳的可持续发展注入活力。福田红树林自然保护区内地势平坦、开阔，形成沼泽、浅水和林地等多种自然景观。和对岸的香港米埔自然保护区类似，"基围鱼塘—红树林—滩涂"也是福田红树林的基本生态格局，这是一种同时兼顾水鸟保护和当地社区经济发展的成功模式。

保护区内共有红树植物 9 科 20 种，包括秋茄、白骨壤、桐花树、海漆、木榄、银叶树等树种，构成连片 100 多公顷的红树林。这里也是水鸟的乐园，是东半球国际候鸟迁徙通道上重要的"越冬地"、"中转站"和"加油站"，每年有黑脸琵鹭、黑嘴鸥、大滨鹬等近 70 种、超过 4 万只候鸟在此越冬或歇脚。落霞与千鸟齐飞、秋水共长天一色的自然美景，常常呈现在市民的眼前。

福田红树林不仅是深圳湾畔的翠绿诗行，千姿百态，绿意盎然，给城市生态带来勃勃生机与绿色发展，更是深圳人精神力量的源泉，在快节奏的都市生活中，给予深圳人心灵的慰藉。它是市民休闲的好去处，为市民提供了与自然亲密接触的机会，让市民在繁忙之余，能够放慢脚步，感受自然的宁静和美丽。在城市的心脏，福田红树林是宁静的守望者。它如同深圳人心中的绿色灯塔，时刻提醒着：尊重自然、顺应自然、保护自然，激发着深圳人对环境的责任感和保护意识，激励着深圳人不断追求与自然和谐共生的理想，成为深圳人心中不灭的绿色梦想。

第一章
蔚蓝之滨存奥妙——
蓝色碳汇

　　本章揭开了蓝碳的神秘面纱，阐释了蓝碳的概念，概述了蓝碳的固碳机制，探索了以红树林、滨海盐沼和海草床为主的三大滨海蓝碳资源的全球分布和碳汇能力。在这里，我们将走进蓝碳的世界，深入了解我国的"碳达峰"与"碳中和"目标，以及红树林在应对全球气候变化中发挥的关键作用。

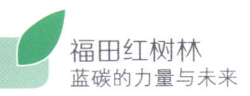

福田红树林
蓝碳的力量与未来

第一节 揭开蓝碳的"神秘面纱"

本节将基于碳的背景,提出蓝碳的背景和概念,介绍蓝碳的定义和类型,以及蓝碳生态系统在全球的分布范围。

碳,并不是个陌生的事物。生活中的碳无处不在,在铅笔中,在钻石里,在我们的呼吸之间,都有碳的身影。

我们所熟知的二氧化碳气体,是造成温室效应的"罪魁祸首"之一。自工业革命以来,以化石燃料为能源的工业文明得到了飞速发展,极大地解放了生产力,推动了全球社会经济的空前繁荣。然而,这一发展模式也带来了不容忽视的环境代价。化石燃料等能源的过度消耗,导致其燃烧所产生的二氧化碳在短时间内被大量地排放到大气中,加剧了温室效应,引发了全球气温升高等一系列环境问题。

一、什么是蓝碳?

随着国际社会对"低碳"发展认识的不断深化,海洋作为碳吸收和碳储存的巨大潜力所在,日益受到全球专家和组织的广泛关注。早在20世纪60年代,联合国教科文组织即成立了政府间海洋学委员会(Intergovernmental Oceanographic Commission, IOC),致力于通过科学研究增进人类对海洋性质和资源的认知,探索海洋碳循环的科学基础。1992年召开的联合国环境与发展会议(United Nations Conference on Environment and Development, UNCED)通过了具有里程碑意义的《21世纪议程》,其中明确建议系统地分析、评估和观测海洋作为碳汇的作用。在21世纪初,联合国教科文组织政府间海洋学委员会(IOC-UNESCO)进一步发起了"国际海洋碳协调计划"(International Ocean Carbon Coordination Project, IOCCP),研究海洋碳循环科学,整合全球的科研力量与数据,为全球海洋碳观测类项目和海洋环境问题提供了交流和协调服务。

（一）蓝碳的定义和作用

"蓝碳"这一概念，是在2009年被首次正式提出的。联合国环境规划署（United Nations Environment Programme, UNEP）、联合国粮农组织（Food and Agriculture Organization of the United Nations, FAO）和联合国教科文组织政府间海洋学委员会（IOC-UNESCO）共同发布的《蓝碳：健康海洋固碳作用的评估报告》中首次明确定义了"蓝碳"，即由海洋生物捕获的碳。报告指出，在全球自然生态系统中，每年通过光合作用捕获的碳，约有55%是由海洋生物捕获并固定、储存于海洋生态系统中的，这部分碳就称为蓝碳。此后，蓝碳的定义得到了不断发展和延伸。广义上，蓝碳是指利用海洋活动及海洋生物吸收大气中的二氧化碳，并将其固定、储存在植被和土壤中，从而减少温室气体在大气中浓度的过程、活动和机制。

实际上，"蓝碳"的概念是一个生动的比喻。相对于陆地森林碳汇"绿碳"而言，"蓝碳"具有固碳量大、效率高、储存时间长等特点，对于有效固定和储存人为排放的二氧化碳等温室气体贡献卓越。森林、草原等陆地生态系统碳汇储存周期最长只有几十年，而蓝碳可长达数百年甚至上千年，碳汇效果显著。

海洋是地球上最大的碳库，根据联合国政府间气候变化专门委员会（Intergovernmental Panel on Climate Change，IPCC）2007年发布的第四次评估报告，海洋每年从大气中净吸收的碳总量高达22亿吨左右，占全球每年二氧化碳排放量的三分之一。它的"肚量"也大得惊人，海洋的碳储存量可以达到陆地土壤碳储存量的20倍、大气碳储存量的60倍，地球上93%的二氧化碳都被海洋收归囊中。除此之外，特殊的缺氧环境造就了海洋长达数千年的储碳周期，远远超过陆地。这得天独厚的本事让海洋在缓解气候变化问题中发挥了不可替代的作用。

滨海湿地生态系统是地球上最具生产力的生态系统之一，而位于海岸带上的滨海湿地则是海洋碳汇中至关重要的组成部分。其中，红树林、滨海盐沼和海草床是海岸带生态系统中的"优等生"，是国际公认的蓝碳生态系统。由于碳捕获量和储存量很大，且固碳效率极高，红树林、滨海盐沼和海草床成为大气碳清除的"主力军"。尽管它们"身板"小，覆盖面积不到海床面积的千分之五，植物生物量也只有陆地植物生物量的约万分之五，但它们的碳储量高达海洋碳储量总量的50%以上。有研究表明，包括河口

和近海区域的蓝碳生态系统，每年能埋藏约 2.376 亿吨的碳，碳埋藏速率远高于深海和陆地其他生态系统。

（二）蓝碳：全球气候行动的关键

自"蓝碳"概念提出以来，国际组织与专家学者对其的关注度显著提升，开启了海洋碳汇的新纪元。2010 年，保护国际基金会（Conservation International, CI）、世界自然保护联盟（International Union for Conservation of Nature, IUCN）携手联合国教科文组织政府间海洋学委员会（IOC-UNESCO）共同发起了"蓝碳倡议"（Blue Carbon Initiative）并建立专门工作组，旨在通过海岸带和海洋生态系统的修复与可持续管理，应对全球气候变化。2011 年，在《联合国气候变化框架会约》第 17 次缔约方会议上，蓝碳议题被正式纳入议程，《海洋及沿海地区可持续发展蓝图》报告进一步规划了全球蓝碳市场的构建、监测认证标准和评估方法的统一化。2014 年，"蓝碳倡议"工作组编写了《滨海蓝碳——红树林、盐沼、海草床碳储量和碳排放因子评估方法》，为全球蓝碳研究提供了统一的监测和评估方法、实验室测量和蓝碳数据分析标准。2018 年，《联合国气候变化框架公约》第 24 次缔约方会议将"蓝碳"列入了应对气候变化的六大措施名单。

（三）中国蓝碳：积极响应与国际合作

我国在蓝碳领域的研究虽起步较晚，但在发展应用方面已展现出积极的响应。2015 年，我国将蓝碳保护纳入国家战略，提出通过增加海洋碳汇等方式主动应对气候变化，探索建立适合我国的蓝碳标准体系和交易机制，以促进和引领国际合作。2017 年，我国发起了"21 世纪海上丝绸之路"蓝碳计划，旨在与沿线国家共同开展海洋和海岸带蓝碳生态系统研究，推动建立国际蓝碳论坛与合作机制。

随着国际社会对全球气候变化认识的加深，"蓝碳"逐渐走进了大众的视野，其在适应和减缓气候变化以及可持续发展海洋经济方面的作用和潜力，也日益受到重视。我国拥有丰富的海洋碳汇资源和巨大的开发潜力，蓝碳交易前景广阔。2024 年，我国首部蓝碳领域蓝皮书——《中国蓝碳蓝皮书 2024》发布，进一步剖析了中国蓝碳的现状与未来发展，提供了中国应对全球气候变化的新方案和新思路。蓝皮书提出，预计在 2023 年至 2035 年，我国通过蓝碳吸收的二氧化碳量将以平均每年约 2% 的速度增长，到

2035 年将增长至 41.2 亿吨，比 2022 年增加 20%，表明未来我国蓝碳市场的需求规模将继续扩大；蓝皮书的发布将进一步加强人们对海洋碳汇的认识，促进从基础理论认识到工程技术示范的跨越，加强国际合作。

二、蓝碳的全球分布

除了终年被冰雪覆盖的南极洲，在每个大陆的海岸线上都有红树林、滨海盐沼和海草床三大蓝碳生态系统的分布。但是，它们的覆盖面积并不大，加起来只有约 4,900 万公顷，远小于 40 多亿公顷的陆地森林面积。尽管都是蓝碳生态系统的组成，红树林、滨海盐沼和海草床在地球上的分布状况却不尽相同。

（一）全球红树林的分布概况

红树林是一类独特的植物群落，主要分布在热带和亚热带地区，全球约 96% 的红树林自然生长于南北回归线之间的海岸潮间带。红树林的纬度分布受到海水温度的显著影响。普遍认为，冬季海水温度 20℃ 是红树林生存的临界条件，低于这个水温，红树林难以存活。然而，受到海洋暖流的影响，红树林的分布范围得以扩展至更高纬度地区。例如，在黑潮暖流（又称日本暖流）和东澳大利亚暖流的影响下，在北纬 32° 的日本九州岛

 深圳红树林

▲ 孟加拉国的红树林和斑鹿

▲ 澳大利亚的红树林和袋鼠

和南纬 38°的新西兰北岛依然可以发现红树林的踪迹。除了海水温度，气温、海水盐度、潮汐波动、沉积物质量和波浪能等环境因素也是制约红树林分布的重要因素。这些条件共同作用，塑造了红树林独特的生态位和分布格局。

　　Bunting 等（2022）科学家通过遥感技术估算，截至 2020 年，全球红树林面积约为 145,068 平方公里，分布在 118 个国家和地区，约占全球陆地面积的千分之一。全球 80% 以上的红树林集中在资源丰富度排名前 15 位的国家（表 1.1）。亚洲是世界上红树林面积最大的区域，占全球红树林

表 1.1　全球红树林分布（2020 年）

排名	国家	面积 / 平方公里
1	印度尼西亚	29,533.98
2	巴西	11,414.71
3	澳大利亚	10,170.81
4	墨西哥	10,055.18
5	尼日利亚	8,442.43
6	缅甸	5,435.39
7	马来西亚	5,245.75
8	巴布亚新几内亚	4,524.74
9	孟加拉国	4,483.86
10	印度	4,037.85
11	古巴	3,596.94
12	莫桑比克	3,027.35
13	菲律宾	2,847.98
14	委内瑞拉	2,846.75
15	哥伦比亚	2,807.54

数据来源：(Bunting et al., 2022)

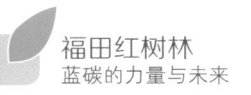

面积的 39.2%。东南亚地区为集中分布区，其中印度尼西亚是全球红树林面积最大的国家，接近 30,000 平方公里，约占全球红树林面积的 20%。除了亚洲，非洲红树林面积占全球红树林面积的 19.3%，南美洲和北美洲分别占 15.4% 和 14.3%，而大洋洲虽然陆地范围较小，也拥有 11.9% 的红树林面积。两个最大的连续红树林斑块分别位于孟加拉国与印度共有的孙德尔本斯和尼日利亚的尼日尔河三角洲，每个地区的红树林面积都超过 5,000 平方公里。

根据全球红树林的分布特点，科学家们将其划分为两大群系：东方群系和西方群系。东方群系主要分布在亚洲、大洋洲和非洲东岸；西方群系主要分布在北美洲、西印度群岛和中南美洲。相较于西方群系，东方群系的红树林分布面积更广，种类也更为丰富。

（二）全球滨海盐沼的分布概况

滨海盐沼，是盐沼的一类，生长在海洋与陆地交界的潮间带区域的淤泥质滩涂上。这类生态系统受到潮汐涨落的显著影响，其范围包括潮间带的上部区域以及该区域内生长的植被。滨海盐沼的特点是土壤含盐量高，植物群落适应盐渍环境，具有独特的生态功能和生物多样性。盐沼生态系统在全球的分布面积相较于红树林而言更小。据 Davidson 等（2019）研究估算，截至 2018 年，全球滨海盐沼的面积约为 55,000 平方公里。滨海盐沼的分布范围比红树林更广，遍布除南极洲以外的世界各地，涉及 120 个国家和地区。它们尤其集中在中高纬度的温带和北极地带。

全球将近一半的滨海盐沼分布在北美地区，其中光美国的滨海盐沼分布面积就超过了全球的三分之一，在美国，几乎每个海岸都可以发现盐沼的存在。除此之外，全球约有四分之一的滨海盐沼分布在澳大利亚漫长破碎的海岸线上。黄河口分布的碱蓬和芦苇群落是我国典型的盐沼植被类型。

▲ 中国黄河口的碱蓬

▲ 中国黄河口的芦苇

（三）全球海草床的分布概况

海草床，被誉为"海底草原"，是由众多海草紧密相连形成的生态系统。海草并非一般意义上的草本植物，而是一类特殊的被子植物，是地球上唯一能够完全在海水中开花结果的高等植物。它们与陆地植物的关系比和海藻的关系更为密切，起源可追溯至约 1 亿年前。全球目前已知约有 72 种海草，主要分为四大类。与红树林不同，海草床的分布不局限于热带和亚热带地区，温带海域同样能够发现它们的踪迹。海草床的生长依赖于光合作用，因此它们主要分布在潮滩的浅海区域，水深一般为 1～10 m，最深可达 60 m。

在全球范围内，海草床作为重要的蓝碳生态系统，其空间分布的估计值存在较大差异。早先的研究中，对全球海草床面积的估算范围从 177,000 平方公里到 600,000 平方公里不等；然而，近年来 McKenzie 等（2020）利用遥感等先进技术，对全球海草床面积进行了重新评估。2020 年的研究数据显示，全球海草床面积约为 266,562 平方公里，分布在 163 个国家和地区。特别值得一提的是，澳大利亚拥有全球最大的海草床面积，其海草床分布面积占到了全球的 30% 以上。而全球海草床面积最小的国家——非洲的佛得角，仅拥有 20 m^2 的海草床。

▲ 研究者进行海草床采样工作

第一章
蔚蓝之滨存奥妙——蓝色碳汇

▲ 中国海南黎安港的海草床

▲ 印尼科莫多国家公园的海草床

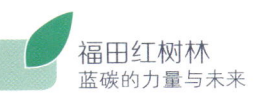

福田红树林
蓝碳的力量与未来

第二节 蓝碳的"碳"从何处来

本节将概述蓝碳生态系统的碳循环过程、固碳机制和高效固碳的原因。

蓝碳在全球碳循环中扮演着"碳汇"的角色,有助于减少大气中的二氧化碳,抵抗全球变暖。在潮间带环境中,蓝碳碳汇的形成有着复杂的机制,涉及许多过程和活动。

 ### 一、潮间带巨大的"碳捕手"

滨海蓝碳生态系统主要依靠植物的光合作用和沉积物的累积来充实碳库。固碳过程是一个复杂而精妙的自然循环,它始于植物叶片的光合作用。光合作用是植物通过太阳光能将二氧化碳转化为有机物质的过程,这一过程不仅为生态系统提供了能量和生物质,同时也将大气中的二氧化碳固定下来。沉积物的累积则是另一个关键环节,死亡的植物残体和动物排泄物在沉积物中被埋藏,这些有机物质在缺氧的环境中缓慢分解,从而将碳长期封存于沉积物中,形成了"蓝碳"。

(一)蓝碳的碳循环过程

在垂直的方向上,植物利用太阳能将大气中的二氧化碳转化为有机碳,这是生态系统固碳的第一步。光合作用不仅为植物自身提供能量和生长所需的物质,而且将碳从活跃的大气循环中移除,转化为植物体内的稳定形式。被植物光合作用固定的有机碳随后被储存在植物体内,尤其是那些能够长期稳定储存碳的器官,如根系和茎部,这些部位的有机碳可以被储存十年到百年甚至更长时间,形成了一个长期的碳汇。在这段时间内,碳以生物量的形式被锁定,降低了大气中二氧化碳的浓度,对抗全球变暖的影响。

随着植物的生长和死亡,部分有机碳通过呼吸作用和自然分解过程被释放回大气,而另一部分则以土壤有机质的形式被长期封存。在滨海蓝碳

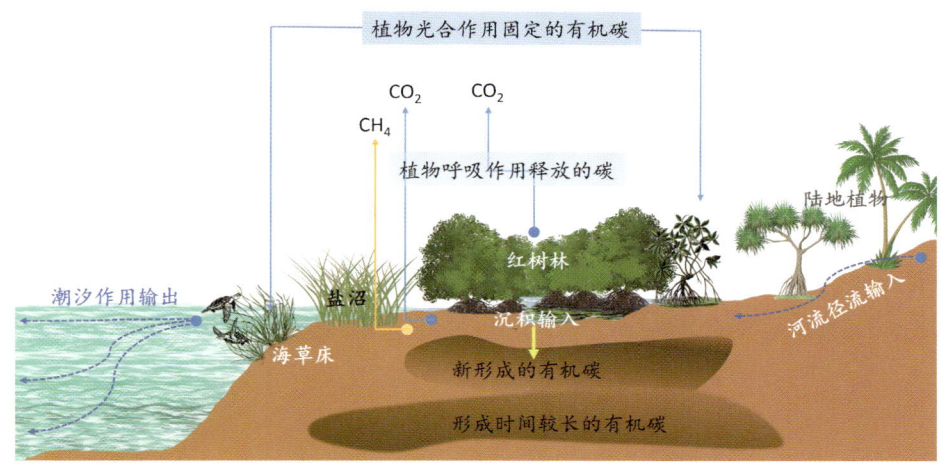

▲ 蓝碳生态系统碳循环示意图

生态系统中，死亡植物的残体和根系在沉积物中形成泥炭，这些泥炭在缺氧的环境中分解速度较慢，从而有效地将碳长期固定在地下，这些部位的有机碳可以被储存百年到千年甚至更长时间，也形成了一个长期稳定的碳汇。此外，沉积物也扮演着重要的角色。植物残体、动物排泄物以及其他有机物质在沉积物中累积，随着时间的推移，这些有机物质转化为腐殖质，进一步增加了生态系统的碳储存能力。

（二）沉积物碳库的碳储量

与陆地生态系统不同的是，蓝碳系统中还存在水平方向上的碳交换，

▲ 红树林沉积物柱状样

这主要是由于潮间带生境的潮汐作用和河流径流的碳交换。根据来源的不同，沉积物储存的蓝碳被分成内源性碳和外源性碳。由于滨海湿地会受到周期性的潮水浸淹，沉积物长期处于缺氧环境，凋落的花、叶、枝、果等和死亡的根系在土壤中分解较为缓慢，于是这部分碳就作为内源性碳被长期地储存在沉积物碳库里。潮汐中携带的大量的硫酸根离子，也能阻碍甲烷气体的产生，从而降低土壤中甲烷的排放量。外源性碳则是指潮汐、河流从临近的生态系统中"进口"的沉积物和有机碎屑，当这些沉积物和有机碎屑经过滨海湿地时，湿地植物就会将它们截获，一并储存在碳库里。低氧的生存环境和高外源性的输入，是滨海湿地生态系统储碳量高于同纬度上的热带雨林的重要原因。此外，红树林生境中地表的藻膜和凋落物对表层沉积物的有机碳积累也有不少贡献。

二、多样的碳来源

实际上，滨海蓝碳生态系统并不像森林、草原等陆地生态系统那样封闭，它还是一个"乐于分享"的生态系统。在这些生态系统中，固存的碳以多种形式存在：植物枯萎后形成的碎屑、沉积物中埋藏的凋落物，以及地下根系死亡分解后形成的溶解性有机碳等。这些碳的一部分会随着潮水和地下水的流动，不断地输送到周边环境和近海海域。当这些碳进入海洋后，它们通过生物泵机制再次参与到碳循环中。这一过程始于浮游植物的光合作用，随后通过食物链完成有机碳的消费和传递，并伴随着有机碳的沉降和转移，最终实现碳在海洋中的长期封存，这一过程可能持续千百年。这样的碳循环不仅展示了滨海蓝碳生态系统在区域碳汇中的关键作用，也凸显了它们在全球碳循环中的重要地位，为海洋生态系统的健康和稳定提供了有力支持。

蓝碳生态系统的固碳过程涉及光合作用、生物量积累、有机物质分解和土壤碳封存等多个环节，这些环节共同作用，形成了一个复杂的碳循环网络，对于维持地球气候稳定和保护生物多样性具有不可替代的作用。这种碳的长期储存对于缓解气候变化具有重要意义，因为它减少了大气中的温室气体二氧化碳，有助于降低全球气温上升的速度。

第三节　应对气候变化中的"蓝碳力量"

本节将基于"碳达峰""碳中和"的背景，聚焦蓝碳的减缓气候变暖功能，探讨蓝碳生态系统的多种生态功能。

除了对减少大气中二氧化碳的含量、减缓全球变暖进程的积极影响，蓝碳生态系统的健康还直接关系到沿海社区的生计和福祉。它们为渔业提供重要的繁殖和育幼场所，保护海岸线免受侵蚀，同时也是重要的旅游资源。因此，保护和恢复蓝碳生态系统，不仅是应对气候变化的策略，也是实现可持续发展的关键措施。全球范围内对蓝碳碳循环过程的研究和理解，对于制定有效的环境政策和保护措施至关重要。

一、蓝碳与全球气候行动

2020年9月22日，中国国家主席习近平在第七十五届联合国大会一般性辩论上郑重提出了"碳达峰"和"碳中和"的"双碳"目标：中国将提高国家自主贡献力度，采取更加有力的政策和措施，二氧化碳排放量力争于2030年前达到峰值，努力争取2060年前实现碳中和。也就是说，我国承诺将努力在2030年前，实现二氧化碳的排放量不再增长，并在达到最大值后进入下降阶段，且在2060年前，通过植树造林、海洋吸收、工程封存、节能减排等自然和人为方法，抵消人们的社会活动所直接或间接产生的温室气体排放，实现二氧化碳的相对"零排放"。大力发展蓝碳，正是实现"双碳"目标的重要路径。因为在固碳储碳方面的巨大潜力，蓝碳将在适应和减缓气候变化方面发挥无可替代的作用。

蓝碳生态系统具有巨大的碳吸收能力，是基于海洋的气候变化治理手段之一。在减缓温室气体排放的同时，滨海湿地还可以给沿海国家乃至全球带来经济和社会效益。红树林、滨海盐沼和海草床等蓝碳生态系统，通过其高效的碳捕获和碳储存能力，每年能够吸收和固定大量的碳，其固碳效率远超其他生态系统。Davis等（2019）的研究表明，每平方公里蓝碳生

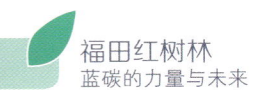

福田红树林
蓝碳的力量与未来

态系统的年碳埋藏量可达 220 吨碳，相当于燃烧 3.36×10^5 升汽油所排放的二氧化碳。因此，有效地评估滨海湿地的碳汇能力、固碳潜力和生态系统服务功能，是制定减排增汇措施的重要手段，也是各国政府制订应对气候变化行动计划的理论依据，更是我国实现碳中和目标的重要基础。

▲ 城市温室气体排放和红树林固碳

二、蓝碳生态系统的服务功能

蓝碳生态系统的碳汇功能对全球气候变化的减缓作用不可小觑。它们不仅能够长期储存碳，降低大气中的温室气体浓度，还具有海岸线保护、水质净化等功能，对海洋生态系统的健康和生物多样性保护至关重要。此外，恢复和保护蓝碳生态系统对于提升海洋生态系统的韧性、降低由于气候变化带来的生态灾害风险至关重要。因此，蓝碳的碳汇功能在全球气候行动中不可或缺，随着蓝碳概念的普及，红树林因其卓越的碳汇能力而受到科研界的极大关注，成为实现"双碳"目标的重要路径。

（一）促淤造陆

除了固碳储碳，滨海蓝碳生态系统还是促淤造陆的主力军。生长于沿海地区的红树林、滨海盐沼植被和海草床普遍具有密集交错的发达根系，能够稳定松散的土壤，减缓海水的流速，沉降水体中的悬浮颗粒物。同时，它们又善于网罗碎屑，加速潮汐和陆地径流带来的泥沙沉积，促进土壤的形成。红树林在促淤造陆方面具有突出的表现，加上红树林本身具有的大量凋落物以及林内丰富的海洋生物遗骸和排泄物等，都为红树林海岸的淤积提供了充足的物质来源。根据对福田红树林的观测，相比于无植被覆盖的光滩，红树林的淤积速度要快上 $2 \sim 3$ 倍。随着红树林的不断生长，淤积的沼泽也不断抬升，最终变干形成陆地。这不仅加速了"沧海变陆"的进程，也在一定程度上缓解了海平面上升淹没陆地的威胁。

（二）防风消浪

滨海蓝碳生态系统也是天然的海堤，具有防风消浪的重要能力。近年来，全球变暖引发气旋运动加剧，破坏性的极端天气和海洋过程频发，世界各国尤其是对于较为脆弱的国家和地区而言，滨海蓝碳生态系统是一个很好的基于自然的应对气候变化的解决方案。仍以人们公认的"海岸卫士"红树林为例，Krauss 和 Osland（2020）研究表明，红树林在小于 5 m/s 的弱风情况下，能够降低 85% 以上的风速，即便是在大风和台风等风速大于 15 m/s 的情况下，依旧能降低 50% 以上的风速。红树林生长区域的坡度和地形则是其消浪缓流的关键，海水淹没红树林时遇到障碍，波浪变形破碎，每 100 m 宽的红树林带就能有效消减 13% ~ 66% 的海浪波高，而 500 m 宽的红树林带对海浪波高的消减则能高达 50% ~ 99%。据评估，沿海岸线

1公里的红树林每年可以提供约8万元的台风灾害防护效益。这不仅能够减少海岸带的侵蚀，减少水土流失和基础设施的破坏，也有利于防止风暴等引起海水倒灌渗入陆地淡水资源，保护居民的水资源和粮食安全。位于热带地区的一些岛国，如菲律宾等，已投资数百万美元用于红树林的恢复，以建立自然的防御，减少风暴和其他气候问题的影响。

（三）维持生物多样性

滨海蓝碳生态系统在维护生物多样性方面也具有举足轻重的作用，大量的研究已经表明，滨海蓝碳生态系统的物种种类比其他生态系统的更为丰富。滨海蓝碳生态系统为沿海众多生物提供栖息地和繁殖地，是鱼类、鸟类、底栖动物等赖以生存的家园。根据全球红树林联盟2021年发布的《全球红树林状况》报告，红树林为全球341种濒危物种提供了栖息地，包括昆虫、爬行动物、猴子和老虎等哺乳动物，以及鱼类、软体动物、甲壳动物等。而根据联合国环境规划署等在2020年发布的一份题为《突如其来：海草对环境和人类的价值》的报告，海草床是世界上20%的渔业的温床。许多珍稀物种如海龟、海马、海牛和儒艮等的生存，都离不开海草床。其在水下的茂盛叶片，也为无数小型无脊椎动物、藻类和微生物提供了庇护。在红树林无法涉足的温带地区，滨海盐沼承担了保护海岸带生物多样性的重任，在美国，高达75%的具有重要商业价值的鱼、虾、蟹类等海洋物种都依赖于滨海盐沼生态系统。滨海蓝碳生态系统也是全球水鸟迁徙过程中重要的经停站和繁殖地，从澳大利亚到我国东部沿海，再到俄罗斯西伯利亚的沿线，是候鸟经我国迁徙的主要路线之一，海岸带广阔的滩涂和丰富的底栖动物为它们提供了优厚的栖息场所和充裕的食物资源。滨海蓝碳生态系统对生物多样性的保护和维持有利于生态系统的稳定性，使其在气候变化中具有更好的应对环境压力的适应和恢复能力。

（四）净化水体

湿地也被称为"地球之肾"，这很好地揭示了滨海湿地在净化水域方面的不俗潜力。滨海湿地中的茂密植被及其生境土壤可以通过物理拦截沉降、化学反应以及生物作用对重金属、石油、生活污水、悬浮颗粒物等各种污染物进行处理吸收和累积，达到过滤污染、净化水质的效果。有研究表明，红树植物的根茎等不易被其他生物啃噬的部位承担了80%～85%的吸收重金属离子的重任,而其自身能通过细胞壁沉淀、液泡区域化等方式有效降低重金属离子的毒性,或经由渗透作用把重金属排出体外,以减少对自身的毒害。红树林还能降解和清除富营养水体中大量的氮与磷,并将其吸收供自身利用,使有害藻类进入红树林后难以生存,有效预防了海水富营养化和赤潮的发生。

(五)增进人类福祉

此外,滨海蓝碳生态系统对人类社会经济的可持续发展同样至关重要。作为许多具有商业价值的鱼类与甲壳动物的繁殖和栖息地,滨海湿地为渔民的水产捕捞和养殖提供了支持。健康稳定的生态系统能够维持渔业资源的种群数量,其抵抗风浪的能力还能有效地保护渔港、航运和渔业设施等,确保了渔业经济的可持续发展。除了对沿海渔业的贡献,滨海蓝碳生态系统还具有观光旅游和科学教育的价值,美国佛罗里达、泰国普吉岛、新西兰北奥克兰半岛、孟加拉国孙德尔本斯等地都开发了红树林生态旅游。目前,我国也正大力探索滨海湿地自然保护区旅游开发与环境教育相结合的模式。我国规模最大的红树林旅游区之一的海南东寨港国家级自然保护区,

▲ 红树林为水鸟提供栖息地

每年接待约 40 万游客，为当地带来了明显的经济效益，估计产生的旅游价值超过 5,200 万元。我国重要的盐沼滩涂湿地保护区江苏盐城国家级珍禽自然保护区，先后接待来自全球 40 多个国家和地区的专家学者和游客，每年约接待国内游客数十万人。滨海蓝碳生态系统在文旅科教方面的价值，满足了人们对绿色经济发展的需求，也对提高公众保护全球生态的意识、推进应对气候变化的多方合作具有重要意义。

第二章
陆海相连衔碧玉——福田红树林

　　本章将走进滨海蓝碳生态系统中的红树林生态系统，认识这一陆海之间的独特生境。本章介绍了全球红树林的概况与分布，揭秘了红树林适应滨海湿地生存环境的独特结构；聚焦福田红树林的特征，展示其中主要红树植物的物种组成、地理分布、花果特征，以及福田红树林物种的丰富多样与自然生态之美。

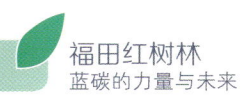

福田红树林
蓝碳的力量与未来

第一节 "海上森林"的奥秘

本节将聚焦蓝碳生态系统中的红树林生态系统,介绍红树林名称的由来、全球红树林的基本概况以及红树植物在适应滨海湿地生境方面的特殊构造。

在蜿蜒曲折的海岸线上,红树林建立起了陆地与海洋之间坚固的天然屏障。由于每天的潮起潮落,涨潮时潮间带上的红树林被海水淹入水中或只露出树冠,因此获得了"海上森林"的美称。虽然被命名为红树林,但事实上,红树林却是"心红皮不红"——它们的树叶绿意盈盈,连成一片时郁郁葱葱,好比装点在海岸带上的碧玉。

一、红树林名称的由来

红树林的英文名称是 mangroves,来源于葡萄牙语中的 mangrove,这个词最初可能源自西班牙语的 mangle,而 mangle 则可能来源于泰诺语(Taino language)——这是加勒比地区原住民使用的一种语言。在这些语言中,与 mangroves 相关的词汇指的是那些生长在沿海潮间带、具有适应盐碱环境的特殊植物。但是 mangroves 这个词并没有直接反映出红树林的"红"。

中文中"红树林"的"红",则是来自其树皮刮开以后呈现出的红色木材,以及从这些组织中提取的红色染料,因此红树林是"心红皮不红"的绿色植物。在我国,红树林还有不少"别名"。在海口三江镇上山村,至今仍保留着一块清朝道光二十五年(1845年)的石碑,上面记载了这个村庄的村民保护"茄椗"的历史。"茄椗"就是海口村民们对红树林的称法。在福建闽南、台湾的方言中,人们也把红树植物称为"枷椗"或者"海枷椗"。

二、红树林的物种和类型

红树林其实是一类植物的总称,包括丰富多样的物种。截至目前,全世界共有红树植物约 81 种。科学家们根据植物在潮间带分布区域的不同,规定只有专一地生长在潮间带中并且经常能受到潮汐浸淹的木本植物为真红树，也就是我们所说的红树植物。既能生长于潮间带，也能生长于陆地，只有在涨潮时才受到潮水淹浸的木本植物，则被称为半红树植物。我国拥有丰富的红树林资源，共有红树植物37种，天然分布于海南、广西、广东、福建、台湾、香港和澳门等地区，南起海南三亚的榆林港，北至福建福鼎的沙埕港。1950年时，红树植物秋茄被引种到浙江乐清，并成功"定居"下来，因此，浙江乐清成了我国红树林人工林的北界。北回归线以南的广东、广西和海南等地拥有我国面积最大、种类最多的红树林，由南到北，红树植物的面积和物种数逐渐减少。

▶ 三、红树林的生存之道

作为世界上唯一生活在海陆之间的树木，红树林在适应环境的过程中演化出了独特的生理特性。为了在生境复杂的海岸带存活，红树植物必须有它们自己的"生存秘籍"。

（一）胎生

胎生现象，是一种亲代对后代的保护和养分供给策略，显著提高了后代的成活率，这在哺乳动物中十分常见。在植物界，胎生现象较为罕见，但它是红树植物的一种独特的生存策略。红树植物特别是红树科植物，如木榄、秋茄、红海榄等，其果实成熟后，种子不会进入休眠状态，也不会直接掉落，而是留在母树上吸取能量和营养并开始萌发，而后渐渐突出果皮，形成筷子状或笔状的胎生苗——也就是红树植物的胚轴。胚轴在发育成熟后，才会自然脱离母树，插入滩涂的软泥中。这种胎生方式也被称为显胎生。还有一些物种，种子虽然在果实内萌发，并形成了短小的胚轴，但它们并不会突破果皮暴露自己的胚轴，这种胎生方式则被称为隐胎生，如白骨壤、桐花树、老鼠簕等红树植物。长期以来，人们普遍认为胎生是红树林为了更好地适应胚轴脱离母树后的高盐生境而不断从母树吸收积累盐分的过程，也是为了从母树获得足够的能量和营养用以生长发育的过程。无论是显胎生还是隐胎生，胎生过程都显著缩短了种子离开母体后独立生活的时间，为幼苗提供了充足的营养，使它们在脱离母体后能够更好地适应潮间带的恶劣环境，如大风和大浪的冲击，并迅速生长。因为这种独特的繁殖特性，红树植物在传播后代上也表现出了对海洋生境极强的适应性。

▲ 秋茄胎生苗发育过程和秋茄胚轴

除了胎生红树植物，也存在一些非胎生的红树植物，如海桑、无瓣海桑、海漆等为种子繁殖。和许多生长在海边的植物一样，大部分红树植物的果实、种子或胚轴能随水漂流。显胎生的胚轴通常有厚厚的角质层，这就仿佛给它们裹上了一件铠甲，使它们能忍受在海上长达几个月的漂流，实现远距离的传播。还有一些半红树植物的果实，如银叶树的果实，具有纤维质的厚壁，也有利于它们的漂浮。这些植物的繁殖策略进一步丰富了红树林生态系统的多样性，并展示了植物适应海岸潮间带环境的多种方式。红树林植物的胎生现象不仅是对后代的一种保护，也是它们在海岸线上生存和繁衍的关键适应机制。

（二）单宁

单宁是红树植物树皮中富含的一种酚类物质，是红树植物树皮中的显著特征，也是红树林得名的缘由。红树林的"红"，就与这种物质有关。一些红树植物如木榄、秋茄、红海榄、海莲、角果木等的树皮中，单宁含量尤为丰富。当这些树皮受到损伤或被剥开时，单宁便与空气中的氧气发生反应，氧化成红色的醌类或其他复杂的酚类化合物，赋予红树林特有的红色调。单宁具有抗氧化的功效，赋予了红树林叶片一种天然的保护机制。由于单宁含量高的叶片通常味道苦涩，这使得昆虫等潜在的"消费者"对它们避而远之，从而减少了红树林受到虫害的威胁。因此，单宁不仅是红树林名字的由来，也是其防御虫害、自我保护的天然武器，帮助其在多变的海岸环境中生存和繁衍。

▲ 木榄树皮中的单宁

（三）支柱根与呼吸根

常受潮汐淹浸的红树植物通常具有形态各异的地上根系，它们是红树植物能在地质松软、波涛汹涌、高盐碱和缺氧的潮间带中稳固生长的关键。支柱根是红树植物为了抵御潮汐的冲击而演化出的显著地上根系。例如，红海榄等红树属植物会在主干离地面 1～2 m 处生长出不定根，这些根深入土壤后，又能从其分支处萌发出新的不定根，它们向地面延伸并再次扎根，最终像有力的爪子一样紧紧抓住地面，将植株牢固地锚定在滩涂上。白骨壤和海桑等红树植物则以其发达的呼吸根著称。这些植物在地下横向延伸出根索，而呼吸根则从根索中突出向地面生长，伸出水面。通过根表面的皮孔，它们能够在空气中进行气体交换，即使在潮汐淹浸下也不会遭受缺氧的威胁。呼吸根根据其粗细不同，又可细分为指状根、笋状根等类型。红树植物的根系多样性还不止于此，膝状根以其不规则的木质化突起和布满皮孔的厚皮层而闻名，形似人膝，为植物提供了额外的氧气。板状根，顾名思义，是从树干基部向外扩展的薄板状根系，它们帮助红树植物稳固地扎根于滩涂之中；而表面根则构成了一个错综复杂的地上根系网络，主要功能同样是稳固植株和进行气体输送。

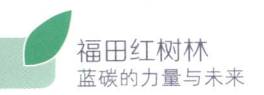

▲ 银叶树的板状根

▲ 木榄的根

28

（四）避盐机制

对于一般的陆生植物而言，含盐的水会让它们脱水死亡。依靠海水为生的红树林则不同，在长期的海水环境下，红树林演化出了一套精妙的系统来应对高盐环境的挑战。第一类是拒盐系统。秋茄、木榄和海莲等红树物种，它们的根系拥有一个高效的过滤系统，能够过滤掉所吸收的水中大部分的盐分，从高盐分的水体中吸收淡水，从而保证了植物体内的水分平衡。这种过滤机制类似于一个自然的"海水淡化器"。第二类是泌盐系统。白骨壤、桐花树和老鼠簕等植物的拒盐能力较差，它们采取了另一种策略。这些植物通过茎叶上发达的盐腺或盐囊泡的运动，将吸收进体内的盐分分泌到体外。因此，在这些物种的叶片上，我们常常可以看到白色的颗粒物，那就是被它们排出体外的盐的结晶。这种泌盐机制是红树林适应高盐环境的关键特征之一，它不仅帮助植物维持了体内的盐分平衡，还减少了盐分对植物生长的不利影响。第三类是聚盐系统，又称稀盐系统。海桑能够在高盐环境中生存，主要依赖于其液泡大量吸入淡水并保存，以此稀释盐分，保持平衡。在海桑的叶肉细胞中，盐分被聚集在液泡内，液泡大量吸收水分，体积随之扩大，从而降低细胞液中的盐浓度，使细胞能够进行正常的生理活动。这些避盐机制不仅帮助红树植物在盐度较高的环境中保持生命活动，而且是它们独特的适应性策略的一部分。

▲ 桐花树泌盐　　　　　　▲ 老鼠簕泌盐

（五）皮孔

除此之外，红树植物的树皮上还长有神奇的"鼻孔"。这种"鼻孔"实际的名字叫"皮孔"，是红树植物用于气体交换的特殊结构。皮孔通常分布在茎干和气生根的表面，充当红树植物体内与外界气体交换的门户。它们能够源源不断地将氧气输送进红树植物体内，直达根茎，从而缓解因淹水而导致的根系缺氧问题。不同种类的红树植物在皮孔的大小和密度上存在显著差异。例如，桐花树的皮孔细小而密集，而尖瓣海莲的皮孔则可以大到 1 cm 宽。这种多样性反映了红树植物在不同环境条件下的适应能力。

第二节　福田红树林

本节基于全球红树林的背景，并以深圳湾的福田红树林为例，介绍福田红树林的基本情况，以及典型红树植物物种及其分布潮位、花果特征等。

一、走进福田红树林

一边是高楼林立、车水马龙的喧嚣与繁华，一边是层林叠翠、鸟语花香的闲适与静谧，福田红树林就在深圳这座现代化都市的身侧安营扎寨，成为都市繁华与自然宁静的交会点。

▼ 福田红树林（城市和红树林）

福田红树林以其独特的地理位置和生态价值，在都市的喧嚣中提供了一个宁静的避风港。它不仅是城市中的一片绿洲，更是生物多样性的宝库。在这里，红树植物的根系深深扎根于滩涂之中，形成了一道自然的防波堤，保护着海岸线免受侵蚀。同时，它们也为无数的海洋生物提供了栖息地和繁殖场所，是东亚 - 澳大利西亚候鸟迁徙的重要觅食区和停歇驿站。每当潮水退去，裸露的泥滩上，招潮蟹和弹涂鱼忙碌地穿梭其间，构成了一幅生动美妙的自然画卷。

▲ 保护区标志

（一）自然保护区的历史

1984 年 10 月，广东内伶仃岛 - 福田省级自然保护区建立，1988 年 5 月升级为国家级自然保护区。2006 年 10 月，广东内伶仃福田国家级自然保护区被国家林业局列为国家级示范保护区，总面积 921.64 公顷，由内伶仃岛和福田红树林两个区域组成。福田红树林是我国面积最小且唯一处在城市腹地的红树林国家级自然保护区，总面积 367.64 公顷，范围在北纬 22°30'～22°32'，东经 113°56'～114°3' 之间，属于亚热带海洋性季风气候区，气候温和、水热条件良好，年平均气温为 22.7℃，年均日照时数 7,800 小时，降雨多集中在 5—9 月，干湿季节交替明显，常有台风登陆。

坐落于深圳湾东北部的福田红树林，东起新洲河口，西至深圳湾公园，南达滩涂外海域和深圳河口，北至滨海大道、广深高速公路，形成了一条长约 6 公里的"绿色长城"；红树林覆盖面积将近 100 公顷，面积之广，相当于 140 个足球场。福田红树林与香港米埔自然保护区仅一水之隔，两者共同构成了深圳湾（香港称后海湾）红树林湿地生态系统，具有重要的国际生态价值。福田红树林以其生态重要性，在 2020 年被纳入国家重要湿地名录，并在 2022 年被《湿地公约》认定为"国际重要湿地"。目前，福田红树林已被世界自然保护联盟（IUCN）列为国际重要保护组成单位之一，同时也是中国"人与生物圈"网络的重要组成部分。这些荣誉不仅彰显了福田红树林在全球生态保护中的重要地位，也凸显了其在维护生物多样性和生态平衡中的不可替代作用。

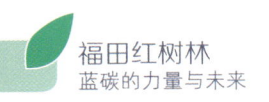

（二）福田红树林的生态系统特征

福田红树林湿地生态系统是一个完整的生态系统，由陆域基围鱼塘、丘陵台地、林地、红树林带和外海滩涂组成，各部分各具功能。在福田红树林自然保护区内，生物多样性非常丰富，不仅有秋茄、白骨壤、桐花树、海漆、老鼠簕、木榄等真红树和半红树植物共9科20种，还记录有其他高等植物330多种，大型底栖生物166种，昆虫598种，藻类349种，鸟类272种，其中包括黄嘴白鹭、黑脸琵鹭、黑嘴鸥等60种国家重点保护鸟类、23种世界珍稀濒危鸟类。福田红树林为全球黑脸琵鹭重要的越冬地。据2024年全球黑脸琵鹭同步调查，全球共监测记录到6,988只黑脸琵鹭，在福田红树林所在的深圳湾区域共记录到了375只，约占全球总量的5.4%。除了是红树林的王国，福田红树林也是东半球国际候鸟迁徙路线上重要的"越冬地"和"中转站"，每年有近10万只长途迁徙的候鸟会来到深圳湾越冬和过境。

二、红树植物的花名册

在福田红树林中，共有红树植物9科20种，其中本地自然生长的红树植物7种，包括秋茄、白骨壤、桐花树、木榄、老鼠簕、海漆和卤蕨，还有引种到福田红树林中的海桑、无瓣海桑等红树物种。下面，我们将对福田红树林中自然生长及主要分布的几种红树植物展开更为详细的介绍。

▼ 红树林栖息的水鸟

（一）秋茄

秋茄（*Kandelia obovata*），又称水笔仔，是我国最常见的红树林树种之一，隶属红树科秋茄属。因为它们的胚轴瘦长，与日常食用的茄子非常相似，于是得名"秋茄"。在台湾地区，人们因为其外形像一支笔，称其为水笔仔。作为一种常绿灌木或小乔木，秋茄通常只有 1.5～6 m 高，最高能长

▲ 秋茄果和胚轴（上、中）、栖息鹭鸟的秋茄树（下）

到 10 m，大约相当于三层楼的高度，但它们的生长速度相对缓慢，观测数据显示，秋茄长到 1.5 m 可能要花上 5 年的时间。

秋茄通常生长在河流入海口海湾较平坦的泥滩上，具有不太发达的板状根、无呼吸根和支柱根。因为是众多红树植物中最耐寒的一种，秋茄的分布也较为广泛，在世界上分布于亚洲东南方至中国和日本南方及琉球群岛，最北可以达到北纬 32° 的日本九州鹿儿岛。在我国，秋茄从海南、香港、广西、广东、福建、台湾一直到浙江的海湾都有分布。在我国南方热带地区，秋茄多生长于红树群落的外缘，而在亚热带地区以北则在滩涂的中高潮间带广布。

成片的秋茄林林相整齐，林冠茂密，叶片绿而油亮，郁郁葱葱，景色秀丽。在深圳湾，秋茄常在 11 月到次年 1 月、7—9 月开花，白色的花像星星一样。2—5 月的春季，是秋茄的盛果期，它们会结出圆锥形的果实，种子不休眠，而直接在树上萌发，从小而尖的"胎萌"成长为大约 15 cm 长的胚轴。每年的 10 月份还有一次小的果期。秋茄是红树植物中典型的胎生物种，因为胚轴就是一棵小苗。当秋茄果实还在树上时，萌发的种子会从母树上吸收营养用于萌发，直到种子长成胚轴之后才自然脱落，插入松软的泥土中，在潮间带中"安家落户"。如果被海水冲走，胚轴也能凭借体内的许多气道在海上"航行"，哪怕漂浮两三个月也不会腐烂死亡，然后等到被海水带到适宜生长的海滩时，再迅速生根，"定居"海滩。

按照物种特征和地理分布的差异，秋茄属（*Kandelia*）有两个物种。过去，分布在中国、日本和越南北部的秋茄 *Kandelia obovata* 曾被认为是 *Kandelia candel* 这一种。但是，科学家多方研究发现，它们的叶片呈卵形，与 *Kandelia candel* 存在形态特征和遗传特性上的差异，各种证据表明它们是一个独立物种。2003 年，这类分布在中国、日本和越南北部的秋茄被定名为 *Kandelia obovata*，而中文名仍保留了"秋茄"的称法。

（二）白骨壤

白骨壤（*Avicennia marina*）又名海榄雌，属爵床科海榄雌属的灌木或乔木，树高通常为 1.5～6 m，最高可达 8 m，最低仅为 1.2 m。不同于其他红树植物，它们的树皮是灰白色的，因此得名。它们是全球分布最广的红树植物之一，天然生长在非洲东部至印度、马来西亚、澳大利亚、新西兰等地，在我国福建、台湾、广东、广西、海南、香港及澳门的潮间带和盐沼地带均有分布。因为对潮间带环境的适应能力较强，白骨壤能生长在半泥沙甚至沙质海滩等其他红树植物难以生长的滩涂，是红树植物里的"拓荒者"。它们生长在河口至河流中游的中高盐度区域以及中低潮位的潮间带上，具有极好的耐盐耐淹的特性，常常与秋茄、桐花树等形成混生群落。白骨壤具有发达的指状呼吸根，一棵白骨壤的呼吸根可以多达800个。

白骨壤的幼树生长 3～5 年即可开花结果。花期和果期通常在 7—10 月。它们开金黄色的小花，以 3～5 朵形成一簇，单朵花的大小往往不超过 1 cm。它们的果实为扁球形，直径约 1.2 cm，一棵白骨壤可以采收数十千克甚至上百千克的果实。在广西沿海，人们称白骨壤果实为"榄钱"，并广为食用，其中一道特色菜肴"车螺焖榄钱"就是以白骨壤果实为原料烹制的。在当地语言中，"榄"和"揽"同音，"榄钱"还有多子多财的寓意。白骨壤果实富含蛋白质、淀粉及多种氨基酸，具有一定的营养价值，但由于白骨壤果皮中单宁含量较高，直接食用会有像未成熟的柿子一般的苦涩味，因此食用前还需用清水浸泡，并用水煮脱果皮。晒干的白骨壤果实还可以作为一味中药入药，可利尿、凉血败火、降血压、治重感冒甚至痢疾。

▲ 白骨壤的花（上）和果（下）

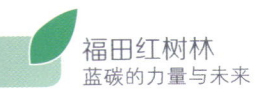

(三) 桐花树

桐花树 [*Aegiceras corniculatum*] 是报春花科蜡烛果属的一种灌木或小乔木，可见于印度、中南半岛至菲律宾及澳大利亚南部，在我国常见于广西、广东、福建、海南、台湾等红树林区。它们具有较强的抗寒能力，但耐寒性不如秋茄。桐花树树高一般为 1～1.5 m，在深圳可以长至 4～5 m，越往北越低矮，如在泉州，桐花树树高仅有 50～80 cm。它们常生于潮汐涨落的污泥滩上，分布于河口中、上游区域的中低潮间带。单一的桐花树组成的树林呈现黄绿色，基部有较多分枝，而树林冠层平整。

桐花树的叶子与秋茄相似但略有不同，其叶为互生，呈卵圆形。深圳湾的桐花树一年有两次花果期。盛花期常在 1—4 月，花开时像一把撑开的白色小伞。7—9 月大量结果。因为它的果实形状像蜡烛，人们也称它为蜡烛果，或羊角果等。桐花树和白骨壤一样，繁殖方式也是胎生，只是它们的胎生与秋茄不同，是隐胎生。隐胎生的桐花树种子在果实内发芽，但生长时始终不突破果皮，只是将果实撑大，形成雏形。只有当果实脱离母树落到滩涂上，经海水浸泡后，果皮才会破裂，随后其中的雏形幼苗插入土壤，开始生根展叶。

▲ 桐花树的花

(四)木榄

木榄[*Bruguiera gymnorrhiza*]是红树科木榄属的乔木或灌木,主要分布在印度-太平洋区域,在非洲东南部、印度、斯里兰卡、马来西亚、泰国、越南、澳大利亚北部及波利尼西亚等地都可以见到木榄的身影,而在我国仅分布于广东、广西、福建等地。其在福田红树林中较为常见。在热带地区,木榄的树高最高可以超过 30 m,但在我国通常不超过 6 m。木榄树皮灰黑,有粗糙裂纹,且有典型的膝状呼吸根,多与海莲等红树植物混生。

木榄的花,色彩丰富艳丽,花萼平滑,呈粉红色至深红色,花柱有裂,为黄色,花瓣有绒毛,为白色至浅橙色。木榄的果实发育与秋茄极为相似,也是直接在母树上发育成胚轴。木榄终年有花有果,其胚轴形似雪茄,长而粗壮,成熟时从绿色变为深紫色。

▲ 木榄枝条(上)和胚轴(下)

(五)老鼠簕

老鼠簕(*Acanthus ilicifolius*)是爵床科老鼠簕属的一种常见红树植物,可见于印度、中南半岛、印度尼西亚、澳大利亚北部,在我国天然生长于福建、广东和海南的海岸带。它们通常生长于海岸的沙质或泥质土壤中,多在红树林林下或前沿形成致密的灌木丛,高 0.5 ~ 2 m。老鼠簕的叶片十字对生,形状独特,有的有刺,有的无刺。在阳光充足的滩涂上,老鼠簕的叶子多刺,叶片边缘顶端突出尖锐的硬刺,而在林荫下的老鼠簕叶片边缘更为光滑,叶片裂处顶端的刺也较短。它们的花为淡紫色,呈穗状,优雅亮丽,花落后结椭圆形蒴果,椭圆形的果实后面拖着长长的花柱,形似小老鼠，加上叶缘的刺被称为"簕"，因此得名"老鼠簕"。其果皮肉质，内有1～4颗隐胎生种子。除了隐胎生繁殖方式，老鼠簕还能通过无性繁殖，即通过茎的分蘖繁殖个体，因此，只要条件适合，老鼠簕的扩散非常快速。深圳湾的老鼠簕一年两次开花结果。

老鼠簕是红树植物中颇具药用价值的一种，根据《全国中草药汇编》记载，它们的根系和全株均可入药，性寒味淡，有清热解毒、消肿散结、止咳平喘的功效，主治淋巴结肿大、急慢性肝炎、肝脾肿大、胃痛、咳嗽哮喘等。在东南亚国家以及我国海南民间，人们常将老鼠簕的根捣碎煮水，加上蜂蜜口服，用于治疗急性和慢性肝炎。近年的研究发现，老鼠簕的提取物还具有保肝、抗肿瘤、抗氧化、抗菌和抗病毒等药理作用，具有极高的研究价值。

▲ 老鼠簕的花（上）和植株（下）

（六）海漆

海漆（*Excoecaria agallocha*）是大戟科海漆属的一种常绿乔木，树高通常为2～3 m，也可高达6 m，零散生长在潮上带的红树林内缘。它们广泛分布于印度、斯里兰卡、泰国、柬埔寨、越南、菲律宾及大洋洲，在我国目前主要可见于海南、广西、广东、香港、台湾等地。实际上，科学家们对于海漆是否为真红树植物一直存在争议。海漆可以生长在红树林后方，甚至是不受潮汐影响的区域，海漆的英文名之一"back mangrove"也说明了它们的分布特性，因此有许多科学家将海漆归为半红树植物。目前，在中国，海漆被归为真红树植物。

海漆是雌雄异株的植物，它们的雄花较长，呈须状下垂，而雌花较短，且向上竖起，便于蜜蜂等传粉昆虫为它们传粉。它们的体内含有防止动物摄食的有毒化合物，其伤口处流出的白色乳汁可能会引致皮肤生疮或瘙痒，滴入眼睛时，可能会导致短暂或永久失明。虽然如此，海漆在药用方面还是具有很高的价值。在许多国家和地区，海漆被用来治疗海洋生物蛰伤、溃疡，也作为泻药和催吐剂使用。在印度民间，人们还利用海漆来降低血糖水平和缓解鱼类导致的中毒。除此之外，近年来的研究还发现了海漆对抗癌症和艾滋病病毒等的活性。

▲ 海漆

（七）海桑

海桑 [*Sonneratia caseolaris*] 是千屈菜科海桑属的高大乔木，树高 10～15 m，天然分布在东南亚、澳大利亚北部和西太平洋所罗门群岛等热带地区，在我国仅天然生长在海南文昌、琼海、万宁、陵水等地，属福田红树林中的引种红树植物。由于植株高大直立，海桑常常被选作造林树种。它们具有突出地表的笋状呼吸根，耐淹水能力极强，因此也常常生长在红树林的前沿滩涂，是红树植物中的先锋物种。海桑的耐盐能力较弱，喜生长于存在淡水的河道两侧，可以分布至几乎不受潮汐影响的区域。

海桑的花比一般的红树植物要大，直径可达 10 cm 左右，花瓣狭窄，呈深红色。很特别的是，海桑的花一般只在深夜里开放，并且只开一个晚上。有研究发现，海桑的花含有可食用的花蜜，能在夜间吸引蝙蝠和飞蛾。这种"昙花一现"的习性无疑为海桑染上了一层神秘的色彩。海桑的果实也很大，为扁圆形，直径通常为 4～5 cm，结在星形的花萼上。因形似苹果，海桑的果实又被人们称为"红树苹果"。据估计，在丰收的季节，一棵海桑

福田红树林
蓝碳的力量与未来

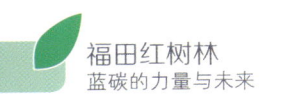

▲ 海桑的花（左）和果（右）

每天可生产多达 2 kg 的果实。海桑的果实质地柔软，可以生吃，成熟的海桑果实具有独特的奶酪风味。它们也可以用于烹饪，在印度尼西亚的爪哇岛上，当地人就常用未成熟的海桑果实调味，因为它们的味道很酸。除此之外，海桑的果实还能被加工成糖浆、蛋糕、布丁和饮料等食品向人们售卖。海桑也可以作为药物的原料，据《海洋药物》记载，海桑"果制成糊状可涂治扭伤"，有利于活血止痛。

1993 年，由于中低潮位潮滩生态修复的需求，海桑从其原产地海南被引种到福田红树林。与海桑一起引种的，还有原产于孟加拉国并在海南东寨港"定居"的无瓣海桑。这两种海桑由于适应能力强、繁殖量大、生长快速，自 2001 年起在深圳湾快速扩散。它们不仅在福田红树林快速扩散，还很快扩散到香港的米埔自然保护区。

（八）无瓣海桑

无瓣海桑（*Sonneratia apetala*）也是千屈菜科海桑属的高大乔木，树高可达 20 m，天然分布在印度洋沿岸的印度、孟加拉国、斯里兰卡等国家。它们具有生长迅速、定居容易、结实率高、适应性强等优良特性，常作为先锋物种种植。无瓣海桑一般生长在海水盐度较低且光照充足的泥质滩涂。海水盐度较高会对它们的生长产生胁迫作用，使其生长明显减缓，而缺少光照也会使它们发育不良。无瓣海桑是我国首个从国外引进的红树植物。1985 年，广东林业科学考察团从孟加拉国孙德尔本斯红树林区带回了无瓣

▲ 无瓣海桑枝条（左）和植株（右）

海桑果实，并将其引种到海南东寨港红树林自然保护区。试种获得成功后，无瓣海桑又于1993年被引种到福田红树林，在1994年引种成功；1997年，无瓣海桑在福田自然更新。20世纪90年代，无瓣海桑一直作为修复红树林的主要树种在全国广泛种植，但也在多地产生扩散生长，还与当地乡土红树物种竞争，甚至对生物多样性产生负面效应。

无瓣海桑的花萼筒平滑无棱，呈浅杯状。有趣的是，它们的花朵没有花瓣，只有4个突出的绿色萼片，托着奶油色的雄蕊，雄蕊中间伸出的像小蘑菇一样的花柱弯曲下垂，顶部有浅浅的红色。无瓣海桑的果实比海桑更小一些，直径为 2~3 cm。与海桑类似，无瓣海桑的果实也能食用，在孟加拉国，人们把无瓣海桑的果实制成果酱和果汁。

第三章
城市腹地藏宝库——福田蓝碳

本章聚焦福田红树林的蓝碳，从光合作用、植物固碳、土壤碳库和淤积、气体交换等方面入手，介绍了蓝碳的研究方法，展示了如何通过科学研究比较不同红树林物种间的固碳能力；同时，基于现阶段的研究，对整个福田红树林的固碳能力进行了评估。

第一节　城市腹地的"宝库"

本节聚焦深圳湾，以福田红树林为代表介绍红树林的固碳机制并阐述针对其固碳机制开展研究的具体方法。本节还将介绍当前红树林固碳能力评估的科学方法，包括储量差值法，即植物碳汇监测、沉积物碳库增量监测，以及气体通量监测等。

与陆地森林生态系统相比，滨海蓝碳生态系统中的红树林有着极高的固碳效率和长期稳定的固碳能力。早在1997年，中国"红树林之父"林鹏院士就提出红树林具有高生产力、高归还率、高分解率等"三高"特点，说明红树林在固碳储碳方面具有得天独厚的优势。虽然红树林面积仅占全球陆地总面积的0.1%，但红树林固碳量占全球总固碳量的5%。

一、红树林的固碳能力

福田红树林位于深圳湾的东北岸，是中国非常典型的河口蓝碳生态系统。作为地处深圳市腹地的红树林湿地，福田红树林是名副其实的城市"宝库"，而宝库中储存的"宝"就是碳。红树林的固碳能力表现在多个方面，植被和土壤都有显著的储碳和固碳能力。

（一）红树林碳循环过程

在红树林生态系统中，碳循环过程中最大的交换量来自红树植物群落与大气间的碳交换。红树林能通过光合作用固定大气中的二氧化碳并将其存储在植物体内，如茎干和地下根系，形成内源性碳。其中，一部分初级生产力被植物呼吸释放到大气中，剩余部分进入红树林生态系统内部的碳循环过程（包括形成木材、根系以及凋落物）。凋落物分解后，一部分有机碳被固定在沉积物中，另一部分有机碳形成碎屑，以溶解性无机碳或溶解性有机碳的形式参与生态系统的横向碳通量，通过径流和潮汐输出到系统外。同时，红树林的茎干和气生根还能捕获来自河流和潮汐的有机质，在沉积物中累积，进而形成生态系统的外源性碳。茎干基部、呼吸根和地下根系的表面，以及沉积物表面的微生物活跃，这些也是甲烷和氧化亚氮等温室气体从生态系统中释放到大气中的关键界面。

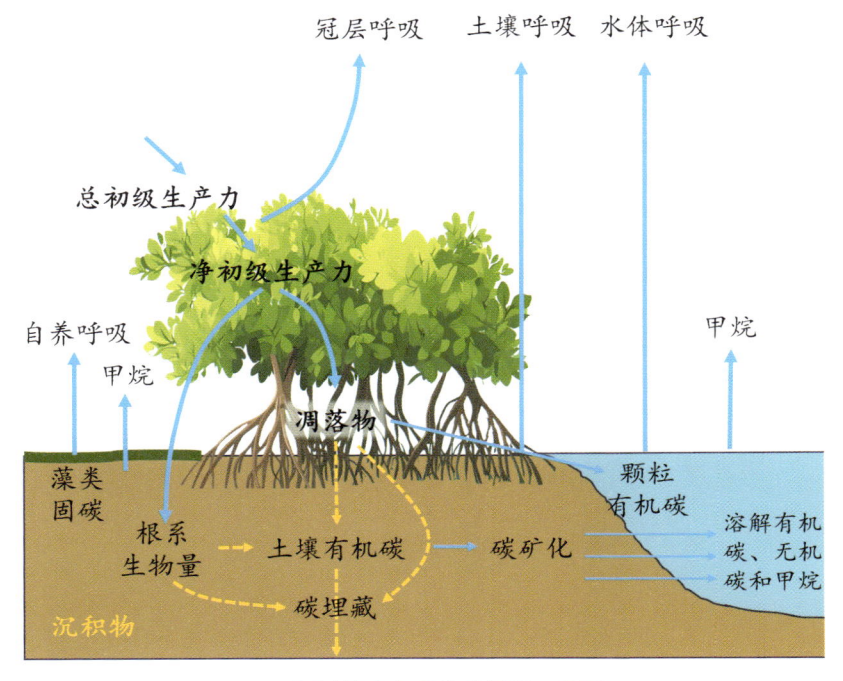

▲ 红树林生态系统碳循环示意图

（二）红树林碳库和碳通量——碳的银行账户和流水

我们可以把红树林碳库比喻为碳的银行账户，碳库中储碳量的多少代表了银行账户里有多少存款；碳通量则是这个银行账户的流水，代表了每日或每年收入和支出的金额。当碳通量的支出大于收入，这表现为碳源，反之则为碳汇。

红树林的碳库组成包括植被碳库（树木、凋落物和根系的生物量）和沉积物碳库（沉积物固定的碳）。其中，植被碳库可以具体分为活体植被的地上和地下碳库、死亡植被的地上和地下碳库，沉积物碳库可以具体分为表层和深层的沉积物碳库。

在通量上，红树林沉积物的表层和亚表层的碳积累主要来自凋落物、地上根系与地下细根以及浮游植物等内源碳的输入。红树林潮滩的淤积作用将引起滩面高程发生变化，沉积物的不断堆积会增高高程，且红树林的沉积物中富含大量的有机碳，随着潮滩高程的变化，其沉积物中的碳储量

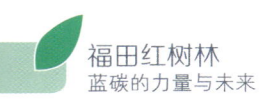

也会发生变化。红树植物借助光合作用，吸收空气中的二氧化碳并将其固定下来，进而转化为有机碳储存在植物体内；另外，红树林生长于长期受潮汐影响的潮间带，其土壤处于厌氧和好氧两种状态交替并存的环境，微生物分解土壤有机质进而会释放出二氧化碳和甲烷等温室气体。这部分温室气体的排放在一定程度上抵消了红树林蓝碳碳汇功能。甲烷的持续全球增温潜能在 100 年尺度上是二氧化碳的 28 倍，因此了解甲烷排放通量对蓝碳的评估至关重要。

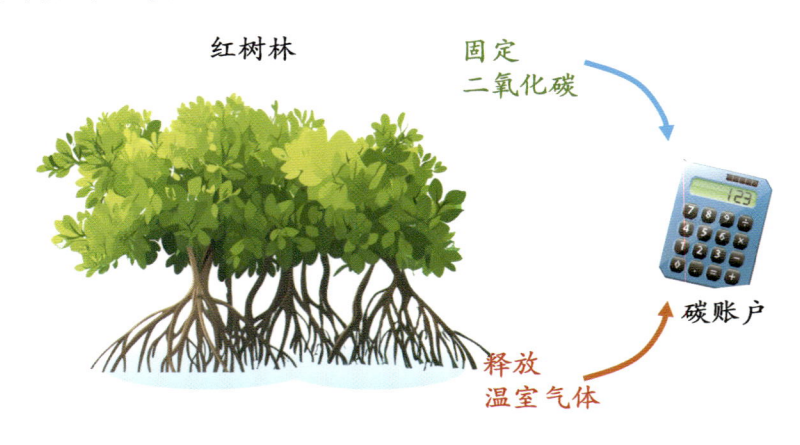

▲ 红树林固碳的碳账户

（三）红树植物的固碳效率

红树林固存的碳有大约 30% 直接封存在红树植物体中。植物体的固碳依赖于光合作用，它们把从空气中捕捉的二氧化碳转化成体内的淀粉、葡萄糖等营养物质，用于自身的生长发育。研究发现，红树林通过光合作用固定的碳，约有三分之一固定在树叶中，另有三分之一固定在茎干中，还有约三分之一固定在树根里。有科学家根据印度洋 - 太平洋地区 25 个类型的红树林湿地的地上、地下碳储量进行了推算，发现从全球水平来看，红树林地上部分的平均碳密度为每公顷 159 吨碳，而地下部分的平均碳密度是地上部分的 5 倍以上，而且绝大部分的碳都分布在地下 0.5～3 m 深的沉积物中。

（四）沉积物的固碳效率

红树林脚下的土壤，又称为"沉积物"，是这座"宝库"最主要的部分。一般而言，红树林生态系统所捕捉的固定的碳，有 70% 以上都藏在土壤中。

宝库中储存的"宝"——碳，一方面来源于红树林本身，另一方面来源于邻近的生态系统。红树林里的花、果、枝、叶等凋落物落到地上后，被空气中的微生物分解，然后再以有机碳的形式埋藏在土壤中。红树林的一些细小的根系在死亡后也会被分解，但是潮间带的潮水覆盖造就了低氧含量的土壤环境，大大减缓了细根的分解速率，使大量细根还没来得及分解就形成泥炭被埋藏在土壤中，成为沉积物碳库的一部分。这部分碳就是内源性碳。这是红树林与热带和亚热带森林颇为不同之处，也就是说，红树林所在区域的沉积物是富含碳的有机土，其中的有机质含量超过了 20%。有机质的保存率高，而矿化速率低。在一些受到人为干扰较小的区域，有机土层甚至可以达到大约 3 m 深，而陆地森林中的土壤碳累积通常不超过 30 cm。在位于中美洲北部、紧邻墨西哥的国家伯利兹，有一处保护良好的红树林，其中存在深度超过 10 m 的泥炭，储存的碳最早可追溯到 7,000 年前，沉积物的碳储量相当可观。中国红树林的固碳储碳情况与全球的情况略有不同。

▲ 伯利兹红树林土壤深度和年龄
（McKee 2007 et al.,2007）

我国红树林固存的碳约有 82% 埋藏在表层 1 m 深的土壤中，还有 18% 的碳来自红树林自身的生物量。

　　红树林生态系统的独特之处在于其不仅通过自身光合作用固碳，还能从邻近的生态系统中捕获有机碳，这部分碳被称为外源性碳。这一特性使得红树林与同纬度的陆地森林截然不同。由于红树林生长在海岸边，潮汐的涨落带来了丰富的沉积物和有机碎屑，这些物质通过物理过程如沉积或侵蚀横向输入红树林生态系统中。红树林的气生根等独特地上结构，以及茂密的植被，能够有效地减弱波浪冲击力、拦截并沉降泥沙，将潮汐携带的物质积累下来。这种外源性碳输入是红树林土壤碳储量形成的关键因素。研究数据表明，在热带地区的红树林中，潮汐从周边生态系统带来的凋落物量远远超过了红树林内部年均凋落物量。这一现象凸显了红树林在碳循环中的独特作用，它不仅通过自身的生物过程固碳，还通过潮汐作用从外部环境吸收碳，从而在土壤中积累了大量的碳，这对于全球碳循环和气候变暖缓解具有重要意义。

▶ 二、监测红树林固碳能力的方式

在红树林碳通量监测领域，由于监测精度、时间尺度、空间尺度的要求各异，以及出于监测方法的成本效益考量，多种监测方法并存。例如，储量差值法以其高精度和低成本的特点，成为监测红树林碳储量变化的优选方法。这种方法适宜于生境异质性较大的红树林区域，因其能够提供蓝碳项目开展所需的方案，已在全球多个红树林分布区得到广泛应用，尤其在新开发的蓝碳项目中受到青睐。

此外，涡度协方差技术通过测量风速与气体浓度的协方差来估算生态系统中的碳、水和能量通量，以其高精度的监测能力而著称。该技术能够提供高时间分辨率的数据，捕捉湍流过程中的短时间变化，提供细致的瞬时通量数据。然而，由于需要建设通量塔等硬件设施和购买昂贵的监测设备，涡度协方差技术在全球的普及仍面临挑战。此外，该技术对平坦、开阔的地形较为适用，而在复杂地形或植被高度差异较大的区域，以及极端天气条件下，测量的精度可能会受影响。

▼ 福田红树林

综合来看，红树林碳通量监测方法的选择须综合考虑监测目标、成本效益、技术可行性和环境条件。

（一）蓝碳增量监测——储量差值法

储量差值法（stock-difference method）是一种通过比较两个不同时间点的碳储量来计算滨海湿地碳汇增加速度的方法。这个方法的原理就像我们检查银行账户余额的变化一样——通过测量生态系统中碳储量在两个时间点的差异，就可以知道碳储量是增加了还是减少了。简单来说，如果我们发现某个时间点的碳储量比之前多，那就说明这个生态系统在这段时间里吸收了更多的碳，这就是所谓的碳汇。这个方法帮助我们了解滨海湿地在固定时间内能够吸收多少二氧化碳，从而评估它们在减缓全球气候变暖方面的贡献。

在应用储量差值法测定碳汇的过程中，我们将红树林的碳汇测定划分为植物碳汇监测和沉积物碳汇监测。

1. 植物碳汇监测——净初级生产力

监测植物碳汇的一种方法是观察植物群落的年净初级生产力（net primary production, NPP）的变化。净初级生产力指的是植物通过光合作用固定的有机物质，减去它们自己在呼吸过程中消耗的部分。简单来说，净初级生产力就是植物在一定时间内实际增加的有机物量，它反映了植物群落的生长能力。

用这个方法测量植物碳汇，我们需要对固定样地中的单棵植物进行生长监测，但是监测的过程中通常不砍树，而是采用非破坏性的方法。为了做到这一点，我们会在树木的胸径（离地面约 1.3 m 的高度）处安装生长环，帮助我们跟踪这棵树生长过程中树干的周长变化。随着时间的推移，树木的生长会使生长环逐渐撑开一段距离，从而能够测量出单位时间内的树干直径变化，并利用这些数据计算出植物生物量的增加量。同时，对样地内胸径 ≥ 3 cm 的所有树木，我们使用每木检尺法测量和记录每个植株的株高、胸径和冠幅。

此外，红树林的枯枝落叶是死了的生物量，也是每年产生的，会一并计算到红树林的净初级生产力。因此，科学家在红树林的树冠下方、距离地面 1.5 m 高处悬挂一个 1 m² 大小的凋落物框来收集凋落物。每 15 天收集一次框内所有凋落物，并把框中的枯枝落叶带到实验室烘干、称重。最后，

▲ 红树林固碳样地的植被监测
（由左到右依次是树木胸径的测量、树木生长环的测定、凋落物框）

把每年植物生物量的增加量和凋落物产量相加，就可以得到植物的净初级生产力，用于计算群落固碳速率。

2. 沉积物碳库增量监测——地表高程变化

沉积物碳汇监测需要监测一定时间内（通常为年际变化）的地表高程变化量（surface elevation change, SEC）、表层沉积物容重和碳密度。监测指标包括：地表高程变化量、表层沉积物容重、表层沉积物碳含量。

由于滨海湿地沉积物碳库的变化非常缓慢，如果没有发生土地利用变化或生态系统类型的改变，每年沉积物地表高程将以毫米级的速率发生变化。因此，在利用储量差值法计算沉积物固碳速率时，可利用地表高程监

▲ 深圳福田红树林的地表高程现场监测

测仪（surface elevation table, SET）获得高分辨率的地表高程变化量，进而获得沉积物体积的变化率。

如下图所示，在侵蚀型海岸，从 T_1 到 T_2 两个时间点之间发生地表侵蚀，沉积物中的碳将以二氧化碳的形式释放到大气中，根据 T_1 和 T_2 的地表高程变化量（SEC）和表层沉积物有机碳密度，可计算出沉积物碳库中碳储量的减量。相反地，在淤涨型海岸，从 T_1 到 T_2 发生沉积物淤积，增加的沉积物中的碳可根据地表高程增量和表层沉积物有机碳密度计算得到，即沉积物的碳埋藏量。SET 固定桩所设置的水准点作为该方法的稳定参考基准，能够确保在不同测定时间节点上地表始终保持相对稳定的状态。

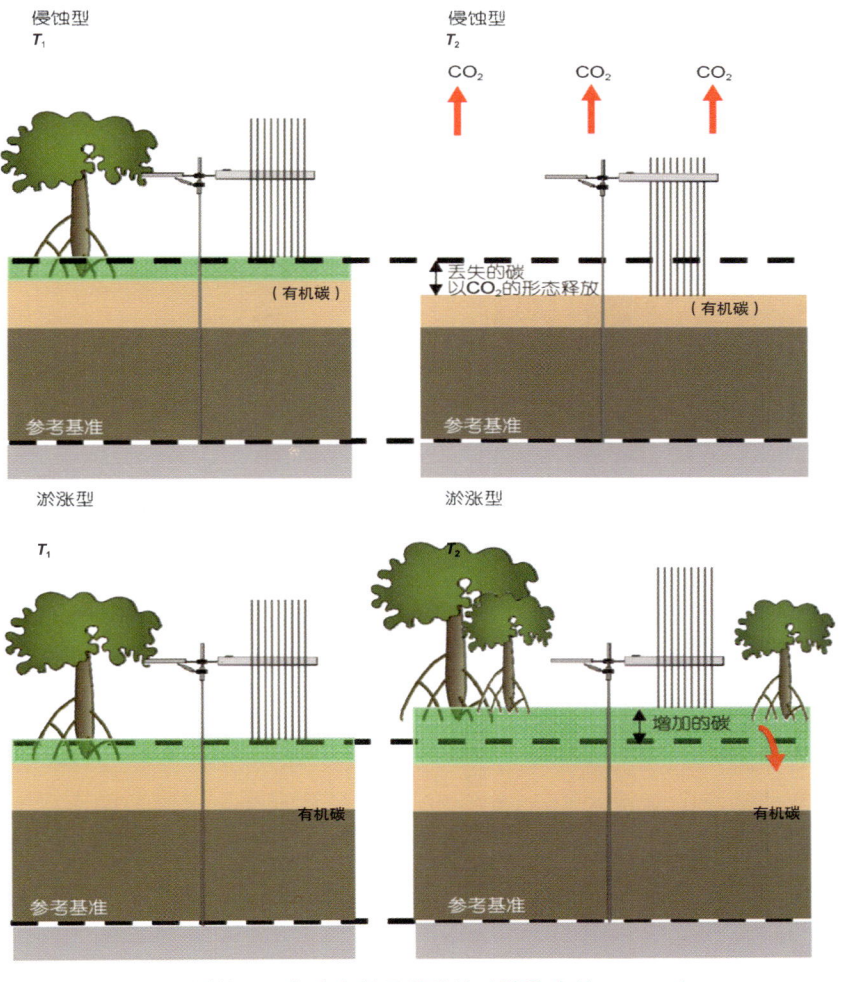

▲ 红树林沉积物碳库储量差值法（陈鹭真等，2021）

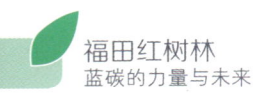

（二）温室气体交换测定——箱式法或通量塔

湿地是甲烷等温室气体的排放源。在监测红树林碳汇的过程中，需要通过监测甲烷的释放量，计算甲烷排放所产生的温室效应相当于抵消了红树林多少碳汇量，以此综合评估红树林的实际碳汇功能。通常，可以采用箱式法测定甲烷通量，也可以应用通量塔的方法来测定。

1. 箱式法

箱式法是测定温室气体通量的一种科学技术手段，有静态箱法和动态箱法两种不同的方式。静态箱法是最常见的一种，它通过在一定面积的地表上放置一个密闭的箱体，用注射器和气袋收集箱体内的气体，测量箱内气体浓度随时间的变化来计算排放通量。这种方法操作简单，成本较低，适合于短期和现场快速测量。动态箱法则是在静态箱法的基础上，利用同样的箱体，通过测量箱内气体浓度随时间的变化来计算排放通量。不同的是，动态箱连接着可以连续测定通量的监测仪，获得监测的这段时间内的温室气体通量。

▲ 红树林温室气体通量监测
（从左到右依次为冠层、树干、沉积物测定）

2. 通量塔

气体通量的测定，还可以由通量塔的监测获得。这种监测应用的是涡度协方差技术。这是一种更为先进的技术，它基于湍流理论，通过测量大气中的湍流运动来估算物质（如二氧化碳、甲烷等气体）的交换速率。这种方法可以实现原位、非破坏、长时间连续自动观测。通量塔的优势在于能够提供高时间分辨率的数据，捕捉到湍流过程中的短时间变化，提供细致

▲ 福田红树林的通量塔

的瞬时通量数据。然而，这种方法的设备成本与维护费用较高，存在复杂的后处理与数据校正过程，且对地形和气候有一定限制。

在福田红树林，这几种测定蓝碳的方法都具备了，我们一起来看看福田红树林的固碳功能有多强！

第二节　福田红树林的固碳功能

本节基于当前的科学研究，对整个福田红树林固碳能力评估的方法和可能的评估结果进行介绍。

我国对福田红树林的蓝碳储量和碳汇功能的研究起步较早。自 2014 年起，保护区就申请了科研专项，开始监测福田红树林的蓝碳碳汇量。白骨壤群落、秋茄群落、海桑群落、无瓣海桑群落是福田红树林的 4 种代表性群落，因此，最早的数据来源于对这些主要群落的碳储量和碳通量的研究。

▶ 一、福田红树林的碳储量

在野外测定时，通常会将红树林的碳储量分为植被碳储量和沉积物碳储量两个部分。根据 2018 年中山大学余世孝教授团队的调查结果，白骨壤、秋茄、无瓣海桑、海桑群落的分布面积分别为 67,416 m^2、639,196 m^2、59,874 m^2、34,143 m^2。

福田红树林
蓝碳的力量与未来

（一）植被碳储量

在福田红树林的固定样地，每年都会测定植被碳储量。随着监测手段的不断完善，厦门大学陈鹭真教授团队最新的监测数据显示：结合各群落的面积，2024年福田红树林保护区内的白骨壤、秋茄、无瓣海桑、海桑群落的植被总碳储量分别为230、11,134、783、360吨（碳），保护区内4种优势红树植物群落的植被总碳储量为12,507吨（碳）。

（二）沉积物的碳储量

利用土壤采样器在不同类型的样地内分别采沉积物样品，深度为1 m，通过测试获得沉积物碳储量。2024年福田红树林保护区内的白骨壤、秋茄、无瓣海桑、海桑群落的沉积物总碳储量分别为789、4,474、617、326吨（碳），保护区内4种优势红树植物群落的总碳储量为6206吨（碳）。

（三）福田红树林总碳储量

结合植被和沉积物碳储量，白骨壤、秋茄、无瓣海桑、海桑群落总碳储量分别为1,019、15,608、1,400、686吨（碳），保护区4种优势红树植物群落的总碳储量为18,713吨（碳），约为6.86万吨二氧化碳当量。

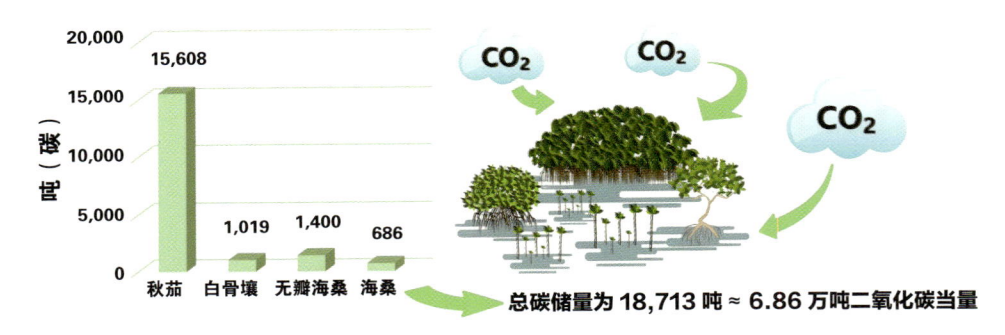

▲ 福田红树林主要红树植物群落碳储量

二、福田红树林的固碳速率

（一）植被的固碳速率

根据厦门大学陈鹭真教授团队研究数据，福田红树林的白骨壤、秋茄、无瓣海桑、海桑群落在2024年一年内分别固定了27、596、70、27吨碳，保护区内优势红树植物固定了 720 吨碳，相当于吸收了 2,641 吨二氧化碳当量。从不同树种的对比来看，秋茄群落固定的碳大部分用于植物的生长，占净初级生产力的 68 %。这部分碳被固定在红树林的植被碳储量中，对于维持和增加红树林的生物量和碳储存能力至关重要。白骨壤则将固定的碳大部分（88%）分配到凋落物中，凋落物中的碳一部分随潮汐进入海洋，剩下的部分最终在沉积物中固定下来，这对于海洋碳汇和沉积物碳库的增加有积极作用。

（二）沉积物的固碳速率

福田红树林内白骨壤、秋茄、无瓣海桑、海桑 4 种群落的沉积物碳埋藏速率分别为每年每公顷 0.59、1.43、2.37、3.85 吨碳，无瓣海桑及海桑群落沉积物碳埋藏速率较大，白骨壤群落沉积物碳埋藏速率最小。2024 年，白骨壤、秋茄、无瓣海桑、海桑等 4 种群落沉积物埋藏的碳分别为 4、91、14、13 吨，保护区内优势红树植物固定了 122 吨碳，相当于吸收了 447 吨 CO_2 当量。

（三）温室气体的排放速率

福田红树林保护区的植物群落均为弱的甲烷排放源。2024 年，白骨壤、秋茄、无瓣海桑和木榄群落的甲烷排放量分别为 0.061、0.384、0.204、0.034 吨碳，相当于释放了 0.911 吨甲烷，即 25 吨二氧化碳的增温潜势。

（四）福田红树林的总碳汇量

基于储量差值法，结合植被生长增速和沉积物碳埋藏速率，再扣除掉甲烷排放速率，可得到红树林的总储碳速率。2024 年，福田红树林的植物和沉积物共吸收 3,118 吨二氧化碳当量的碳汇，扣除甲烷抵消的 25 吨碳汇，总的碳汇量为 3,093 吨二氧化碳当量，是深圳市自然生态系统碳汇不可替代的重要部分。它代表了深圳通过对红树林的保护获得蓝碳，也是福田红树林生态价值的重要组成部分。

第四章
万类霜天竞自由——
蓝碳与生物多样性

　　本章探讨了蓝碳生态系统与生物多样性的关系，从植物多样性和动物多样性（包括典型的底栖生物和鱼类、湿地鸟类、陆生生物）两个方面，展示了福田红树林中的生物多样性；从蓝碳生态系统对生物多样性的支撑和生物多样性对蓝碳生态系统的促进作用，揭示了蓝碳与生物多样性之间密不可分的关系。

福田红树林
蓝碳的力量与未来

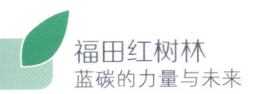

　　红树林生态系统是一个庞大的王国,在红树林中,不仅有绿意盎然的红树植物,还有木麻黄、蕨类植物、海岛藤、滩涂草本植物等在其中蓬勃生长。在福田红树林自然保护区内,生物多样性得到了很好的体现,除了红树林,还有其他高等植物 330 多种,大型底栖生物 166 种,昆虫 598 种,浮游植物 349 种,浮游动物 252 种,鱼类 49 种,鸟类 272 种,包括 60 种国家重点保护鸟类、23 种世界珍稀濒危鸟类。下面将对福田红树林中主要的各类动植物展开更为详细的介绍。

▼ 福田红树林生态公园的物种展示

第一节 植物多样性

本节聚焦福田红树林植物的多样性，采用图文结合的形式介绍典型的红树和半红树植物，描述这些植物的生长繁殖特征，展现这些植物在蓝碳生态系统中扮演的重要角色。

在福田红树林中，植被大致可以划分为3个区域，即红树林区、基围鱼塘和陆域林地。红树林区主要是较为高大的红树植物和半红树植物，林冠整齐，一般高度为 4～6 m。基围鱼塘为海洋到陆地的过渡地带，主要是芦苇、卤蕨、五节芒、铺地黍、胜红蓟等较为低矮茂密的草本植物。陆域林地则有乔木和灌草丛混合生长，优势物种有台湾相思、木麻黄、九节、潺槁木姜子等。下面选取3个区域中的代表性物种，来聊一聊福田红树林中植物的多样性。

▶ 一、红树林区——半红树植物和伴生物种

福田红树林的真红树植物主要是秋茄、白骨壤、木榄、海桑和无瓣海桑等，我们在第二章中就已经详细地介绍了。在这里，我们将介绍半红树植物和伴生物种，它们并不像真红树植物那样适应潮间带的环境，而是生长在高潮带的上部和潮上带，基本不受潮汐的影响。这些植物分别是银叶树、黄槿、杨叶肖槿、海滨木槿、海杧果、苦槛蓝等。它们在红树林生态系统中同样非常重要，不仅增加了物种的多样性，还为沿海地区的生态平衡和生物多样性保护做出了重要贡献。

（一）银叶树

银叶树（*Heritiera littoralis*）是热带和亚热带海岸的典型半红树植物之一，因为其树叶厚实，正面暗绿、背面银灰有白色鳞秕而得名。银叶树的根系发达，主根间常具异常生长的板状扩展组织，起到支持及呼吸作用，是热带植物适应潮湿环境的特征。它的果实是木质、近椭圆形的坚果，外果皮非常坚硬，果实背部的龙骨状突起类似船帆，使它们能随着海水漂浮

数月，传播到各地生根发芽。银叶树的木材很坚硬，因此常常用于建筑、造船和制作家具，是热带和亚热带海岸地区的一种独特且具有重要经济价值的植物。在我国，银叶树天然分布于广东、海南、广西和台湾等地。

由于海岸带经济发展导致银叶树生境大量丧失，我国现存成年银叶树数量不足 1000 棵，《世界自然保护联盟濒危物种红色名录》也已将银叶树列为易危物种。在我国，深圳坝光银叶树湿地园，保存了目前我国乃至全世界发现分布最完整、树龄最长的古银叶树群落，有多株古树树龄已经过百，是城市悠久历史的佐证和宝贵文化遗产的重要组成部分，具有重要的科研和经济价值。银叶树还具有极高的药用价值，有文献记载，银叶树的树皮煮水熬汁内服可以治疗血尿，种子可以治疗腹泻，而种仁则被认为是一种滋补品。

▲ 银叶树的花（上）和果（下）

（二）黄槿

黄槿（*Talipariti tiliaceum*）是一种常绿半红树植物，树干挺拔粗壮，叶片革质，形状有点像心形。它的黄色钟形的花冠，中央暗紫色，在园林景观中具有较高的观赏价值。黄槿主要分布在热带、亚热带的沿海堤岸和内陆地区。因为生长迅速且荫蔽性好，黄槿在我国南方一些城市作为行道树广泛种植。它们通常自然生长在离海较远的高潮带或潮上带的红树林边缘，也可以生长在砂质海岸上。

虽然目前对黄槿的研究还相对较少，但黄槿的实际应用价值很高。黄槿的木材可以制成独木舟和各类工具，树皮中的粗纤维可以加工制成绳子，花叶均可入药，有消炎化脓、祛痰止咳的功效。黄槿根系发达，具备促淤固沙的能力。其耐盐性强，不仅能抗风抗沙，而且对二氧化硫、二氧化碳等气体有一定抗性，因此常被选作海岸防风林建设和矿区植被恢复的物种。

▲ 黄槿的花（左）和果（右）

（三）杨叶肖槿

杨叶肖槿（*Thespesia populnea*），是一种锦葵科桐棉属的常绿灌木或小乔木，一般高度为 4～8 m。它的叶片呈卵状心形，基部心形，因其形状类似杨树的叶片而得名。杨叶肖槿的花朵初开时为黄色，随后会逐渐变为

▲ 杨叶肖槿的果枝

淡紫红色；其果实在未成熟时为绿色，成熟后则变为黑色，呈球形。杨叶肖槿常生长于红树林林缘、海堤及海岸林中，偶见于潮位稍高的红树林中，或者自然生长在海岸矮丛林中。它广泛分布于印度洋、太平洋的海岸地区，从加勒比海到非洲到太平洋的热带地区都被认为是其自然分布区。在中国，它分布于台湾、广东和海南省，这些地区具有热带和亚热带气候。杨叶肖槿以其心形的叶片和鲜艳的黄色花朵而著称，这些特点使其成为园林中极具吸引力的观赏植物。它的花朵会产生花蜜，吸引传粉昆虫，如蜜蜂和蝴蝶，对当地生态系统有益。

（四）海滨木槿

海滨木槿（*Hibiscus hamabo*），属于锦葵科木槿属的落叶灌木或小乔木，一般高 1～4 m。叶片近圆形，厚纸质，两面密被灰白色星状毛。花色金黄，鲜艳美丽，花期 7—10 月，果期 10—11 月。海滨木槿是优良的庭园绿化苗木，因抗风力强也可作为海岸防护林。

▲ 海滨木槿

海滨木槿多生长在海滨盐碱地、海岸沙丘及河口岸边等环境。它对土壤的盐碱度有较高的耐受性，能够在海风的吹拂和海浪的侵袭下顽强生长。海滨木槿主要分布于中国浙江舟山群岛和福建沿海岛屿。在国外，日本、朝鲜半岛等地也能发现它的踪迹。

（五）海杧果

海杧果（*Cerbera manghas*），属于夹竹桃科海杧果属的乔木，叶常绿色，树冠美丽。花白色，核果阔卵形或球形，成熟时由绿转为紫红色。花期3—10月，果期7月至翌年4月。常分布于海边潮上带的林缘。主要分布于中国的南部沿海地区，包括广东南部、广西南部、海南、台湾等地，除此之外，亚洲和澳大利亚的热带地区也有分布。海杧果全株含有白色有毒乳液，果实剧毒，少量即可致死。

▲ 海杧果的花（上）和果（下）

二、基围鱼塘

芦苇（*Phragmites australis*）是我们生活中很常见的挺水草本植物。它的茎秆很高，一般为 2～4 m，有的品种甚至可以超过 4 m。茎秆直立、粗壮且中空，表面光滑，这种结构使得它们能够浮在水面上，并且具有良好的抗风性能。其叶片呈线状或带状，长而窄，边缘光滑或略带锯齿状，颜色为淡绿色或灰绿色。芦苇的花序呈大型圆锥形，分枝较多，每个分枝都着生着稠密下垂的小穗，花序的颜色是白绿色或褐色。芦苇的根系非常发达，能够深入土壤中吸收水分和养分，这也使得芦苇能够在多种环境中生长，包括湿地、沼泽等水分充足的地方。

它们生长快、产量高、生长季节长，广泛分布于世界各地，适应能力和抗逆境能力强，在不同的生境中均可生存。芦苇常常成为滨海滩涂、河口湿地等生态系统中的优势物种，这是因为芦苇在深水、高盐等极端环境条件下，能通过变化自身的形态生理特征来维持较高的繁殖能力。例如，深水处生长的芦苇比浅水处的要显得更高大粗壮，这样有利于获取更多的二氧化碳和光照来进行光合作用，并且使更多的氧气输送到地下根区。它们的叶片还能通过调节溶质渗透水平来适应高盐环境。

▲ 芦苇

  作为一种湿地植物，芦苇在生态护坡、保持水土、促淤消浪、净化水质等方面表现突出，生态效益显著。它们通常密集生长，秆径粗壮，植株高大，在减小海水流速的同时能阻挡风浪。有研究表明，在沿海地区，宽度达到 300 m 以上的芦苇丛即可有效减小风速和浪高。除此之外，芦苇纵横交错的根状茎形成了强大的地下网络系统，能起到固定土壤、拦截泥沙并促进沉积的作用，大大提高了沿海坡岸的抗冲刷能力，一定程度上能保护堤岸的安全。芦苇还有很强的净化水体的能力，它们能通过改变根系所吸收重金属在体内的贮存形态及分配格局，抵抗重金属对自身的毒害，同时降低环境中的重金属浓度。其根系中的微生物群落，也能加速污水中有机质的分解，达到净化水体的效果。

三、陆生植物

（一）台湾相思

  台湾相思（*Acacia confusa*），又称相思树、洋桂花、台湾柳，是一种高大的常绿乔木，最高可以长到 15 m。台湾相思成年植株的小叶退化，叶柄变为叶状柄，革质，披针形，弯似镰刀。它有金黄色球形的头状花序，通常从 3 月起开始开花，能一直开到 5 月。花朵芳香，雄蕊多呈现金色，伸出花冠外。果实 7 月开始成熟。它们喜欢阳光，耐旱热、耐酸碱，抗风沙、抗污染，广泛分布于我国热带及亚热带的海岛上，在调节气候、固碳释氧、涵养水源以及沿海防护方面具有重要作用。它主要分布在台湾、福建、广东、广西、云南等地，在海南、江西等热带和亚热带地区也有栽培，在菲律宾、印度尼西亚、斐济等国家也有分布。台湾相思的树荫较大，具有遮阴效果，在公园绿化中常常作为风景树或遮阴树。台湾相思自身的抵抗能力较强，很少遭受病虫害，但其对周围环境温度较敏感，需要生长在 23～30℃ 的环境中。其树根强韧，且具有树根瘤，能够很好地固定大气中的游离氮，也有很好的防止水土流失的作用。

▲ 台湾相思

（二）木麻黄

木麻黄（*Casuarina equisetifolia*），别名驳骨树、马尾树，是一种常绿乔木，高度可达 30 m。木麻黄的灰绿色小枝细软且下垂，每年多次落叶再生新枝。其叶退化为鳞片状，每节着生 7～8 枚，基部合生成鞘状。木麻黄是强阳性树种，喜炎热气候，耐干旱、贫瘠，抗盐渍，也耐潮湿，不怕沙埋。其根系发达，根瘤固氮能力强，能在恶劣环境中生长。

木麻黄具有超强的抗风能力，其坚韧的枝干与发达的根系相互配合，在狂风中屹立不倒，如同海边的忠诚卫士，有效抵御海风的侵袭。木麻黄广泛分布于中国广西、广东、福建、台湾沿海地区。在国外，

▲ 木麻黄

澳大利亚北部、太平洋诸岛、印度、马来西亚、菲律宾等地也有分布。鉴于木黄麻具有卓越的抗风能力，它常被种植于沿海地区，充当防风固沙的先锋树种，构筑起一道道坚固的绿色防风屏障，保护着内陆地区免受风浪的肆虐。在园林景观中，木麻黄独特的树形也具有一定的观赏价值，常被用于营造海滨特色景观。同时，木麻黄的木材坚硬，可供建筑、家具、造纸等用；其枝叶可入药，有疏风散热、行气止痛等功效。

（三）苦楝

苦楝（*Melia azedarach*），又称楝树、紫花树、森树，是一种较为高大的落叶乔木，通常能长到 10～20 m。苦楝的叶子为 2～3 回奇数羽状复叶，小叶对生，卵形、椭圆形至披针形，边缘有钝锯齿。其圆锥花序约与叶等长，花朵淡紫色，有芳香，从 4 月起开始绽放，能持续到 5 月。花蕊呈紫红色，花药着生于裂片内侧。果实为核果，球形至椭圆形，在 10—12 月间成熟。苦楝喜光，喜温暖湿润气候，耐寒力不强，对土壤要求不严，在酸性、中性、钙质土及盐碱土中均可生长，耐干旱、瘠薄，也能生长于水边。它广泛分布于黄河以南各省区，在印度、缅甸、越南等亚洲国家也有分布。

▲ 苦楝

苦楝树形优美，枝叶秀丽，花艳而香，在园林中常作为行道树、庭荫树。因其对二氧化硫等有毒气体有较强抗性，也适宜在工矿区种植。苦楝的木材轻软，纹理粗而美，可供建筑、家具、农具等用。其根皮及果实皆可入药，有驱虫、止痛等功效。而且，苦楝对环境适应能力较强，能在一定程度上保持水土，对保护生态环境有积极意义。

第二节　动物多样性

本节以福田蓝碳生态系统为基础，将研究范围拓展至全国乃至全球，聚焦动物的多样性，采用图文结合、故事叙述的方式介绍典型的海洋鱼类和底栖生物、湿地鸟类和湿地陆生生物，描述这些动物的生长特征和生活习性，表现这些动物在适应蓝碳生态系统环境中展现出的生存智慧。

▶ 一、海洋居民：底栖生物与鱼类

福田红树林是国际候鸟迁徙通道上的重要节点，其食物资源的丰富度是影响候鸟栖息的最重要因素之一。近年来，根据保护区工作人员和研究者对福田红树林保护区及周边区域的底栖生物的定性定量调查，大型底栖动物共记录到166种，每年记录到的大型底栖动物超过40种，主要为生活在红树林下和滩涂中的千奇百怪的软体动物、甲壳动物和弹涂鱼，优势种包括腺带刺沙蚕、莫顿长尾虫、小头虫、尖刺樱虫、羽须鳃沙蚕等，还有拟钉螺、琵琶拟沼螺等不具有经济价值的小个体软体动物。其中，软体动物最多有44种；其次是甲壳动物，有12种，另外还有环节动物多毛类9种，鱼类4种。在福田红树林中，软体动物和甲壳动物构成了大型底栖动物物种的主要成分，而鱼类则较少。

除了大型底栖动物，还有线虫类、多毛类、寡毛类、双壳类、桡足类、昆虫类、腹足类等7个小型底栖动物类群，其中以线虫类和桡足类最占优势。小型底栖动物构成了底栖食物网的基本环节，种类繁多、生命周期短、丰富度极高。因此，它们的活动直接影响到红树林中的物质代谢和营养再生，在物质循环和能量流动中发挥了不可替代的作用，也是海域环境状况监测的良好生物指标。另外，还有丰富的浮游植物集中分布在基围鱼塘附近，其中以硅藻门和绿藻门的藻类占比最高。

研究人员还进一步选取了福田红树林自然保护区中的几个重点区域进行了生物多样性的调查和分析，发现在观鸟亭区域和基围鱼塘区域的物种

▲ 红树林生态系统支撑的生物多样性

多样性明显较高。这很可能是因为观鸟亭区域的鸟类种类多,它们的捕食减少了危害红树林生长的昆虫数量,使红树植物的长势更好,既能产生更多的凋落物,为底栖动物提供丰富的营养,又能为底栖动物提供躲藏敌害的场所,从而提高了底栖动物的物种多样性;至于基围鱼塘,则可能是因为生长在鱼塘的浮游生物以及鱼类饲料残渣等吸引了前来觅食的底栖动物。

下面选择福田红树林中最为常见和最具代表性的底栖生物、鱼类、两栖和爬行类展开更为详细的介绍。

(一)弧边招潮蟹

弧边招潮蟹(*Uca arcuata*),是一种生活在热带亚热带海岸潮间带的小型海蟹,属于沙蟹科招潮属。它们是红树林湿地中最常见的招潮蟹之一,以独特的形态和行为习性而广为人知。这种蟹最显著的特征是雄性拥有一对大小悬殊的螯,其中一只特别巨大,几乎与身体的其余部分同等大小,常用于炫耀、示威、打斗以及在繁殖季节对雌蟹示爱、求偶。另一只螯则相对较小,用于挖取泥浆里的食物。雌蟹的大小和形状与雄蟹差不多,但两只螯都很小。雄蟹大螯布满疣状颗粒，呈橘红色，使其成为潮间带泥滩地上最富色彩的精灵。

它们喜欢栖息在较为泥泞的沼泽地区，多位于红树林附近，会筑火山形或烟囱状的洞口，生性喜欢隐蔽，挥动大螯的动作缓慢，一有风吹草动会快速地奔回洞穴内躲藏。弧边招潮蟹以沉积物为食，能吞食泥沙，摄取其中的有机物，将不可食的部分吐出，还取食藻类和其他有机物。这种蟹的活动随潮水的涨落有一定的规律，高潮时停于洞底，退潮后则到海滩上活动、取食、修补洞穴，最后则占领洞穴，准备交配。洞穴是招潮蟹生活的中心，在洞穴里既可以避免水陆各类捕食者的侵袭，又可以避免潮水浸淹或太阳直射。

▲ 弧边招潮蟹

（二）大弹涂鱼

大弹涂鱼（*Boleophthalmus pectinirostris*）是一种生活在热带及亚热带潮间带的暖水性小型鱼类。它们具有独特的"水陆两栖"的能力，能够在陆地上跳跃和爬行，以寻找食物和逃避捕食者。大弹涂鱼体形长，侧扁，背缘平直，腹缘略凸，眼略突出于头部背缘之上。它们体被小型圆鳞，后部的略大，前部及头部则满被细小突起的圆锥状乳头。大弹涂鱼的身体颜色通常是蓝褐色或灰棕色，体侧上部沿背鳍基部有6～7条灰黑色的横纹，体侧及头部散布着许多亮蓝色的小点。这些颜色是大弹涂鱼的保护色，使它们能适应潮间带的泥滩。

▲ 大弹涂鱼

大弹涂鱼喜欢栖息在港湾和河口潮间带淤泥滩涂，具有广盐性，即能在不同盐度的水中生活。它们通常穴居，有钻洞栖息的习性，其孔道深达 50～70 cm，孔道的深浅与长度依底质而异，软泥层厚的地方孔道较深。大弹涂鱼一般独居，在春夏繁殖季节可在孔道中产卵。它们利用胸鳍和尾柄在海滩上爬行或匍匐跳跃，稍有惊动就跳回水中或钻入穴内；皮肤和尾巴为辅助呼吸器官，能较长时间脱离水面干露；食性为杂食性，主食底栖硅藻，兼食泥土的有机质，以及桡足类和圆虫；常在退潮时出来索饵，刮食底栖硅藻。

二、天空精灵：湿地鸟类

丰富的湿地鸟类是红树林的"贵客"，也是红树林生态健康的"指示牌"和生物多样性的典型象征。据保护区管理局提供的数据，福田红树林自然保护区内已记录到鸟类 272 种，其中在 2020 年记录到黑脸琵鹭、普通鸬鹚、反嘴鹬、凤头潜鸭、弯嘴滨鹬、红脚鹬等 6 种水鸟数量超过了其全球种群估计数量的 1%。福田红树林及毗邻区域，每年都会开展对鸟类资源的常规调查，根据工作人员和观鸟爱好者的观察记录整理，生态公园的鸟类从最初只有几十种，增长到 2024 年的 15 目 42 科 94 属 160 种。2024 年度共记录国家一级保护鸟类 7 种（黑脸琵鹭、白肩雕、乌雕、黄嘴白鹭、小青脚鹬、黄胸鹀和东方白鹳）192 只，其中黑脸琵鹭常规监测单次记录最大数量

▲ 红树林潮滩的鸟

为 75 只，出现在 2024 年 3 月，非常规调查的 10 月 29 日记录最大数量为 162 只；记录国家二级保护鸟类 18 种 667 只，其中出现频次最高的是黑鸢、褐翅鸦鹃和白胸翡翠，全年 19 次调查几乎均有记录，其中褐翅鸦鹃 7 月 8 日记录到单次最大量为 21 只；白胸翡翠在 9 月 8 日记录到单次最大量为 20 只；白腰杓鹬是二级保护动物单次种群记录最多的物种，2024 年 1 月 19 日单次记录到 566 只。

现在，更多数量和种类的鸟儿造访福田红树林，为福田红树林增添了生机与活力，也为福田红树林生境的不断优化做出了最好的证明。在这里，我们将选择福田红树林中最重要的几种湿地鸟类展开详细的介绍，进一步认识这些珍稀可爱的天空"精灵"。

（一）黑脸琵鹭

黑脸琵鹭（*Platalea minor*），以其独特的扁平如汤匙状的长嘴而著称，因与中国乐器琵琶相似而得名。它们已经是全球濒危物种，数量稀少，主要分布于东亚地区。它们的体长 60～80 cm，全身羽毛雪白，后枕部有长

▼ 黑脸琵鹭

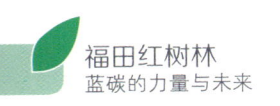

羽簇构成的羽冠；额至面部皮肤裸露，黑色。嘴黑色，长约 20 cm，先端扁平呈匙状。腿长约 12 cm，腿与脚趾均黑。繁殖季节成鸟头部有长饰羽，胸部带有黄色调。脸部具大片黑色裸露皮肤，是区别于白琵鹭的显著特征。

它们主要栖息于湖泊、水塘、沼泽、河口至沿海滩涂的芦苇沼泽地，常单独或成小群活动，性机警避于人，在海边潮间地带及红树林和内陆水域岸边浅水处尤为活跃。黑脸琵鹭常在滩涂湿地中觅食，这些湿地是它们重要的食物来源地。它们以小鱼、虾、蟹、软体动物、水生昆虫和水生植物为食，捕食时将扁平的喙插进水中或泥中，一边搅动一边前行，并通过嘴部敏锐的触觉寻找藏在泥沙里的猎物。黑脸琵鹭的飞行姿态优美而平缓，颈部和腿部伸直，有节奏地缓慢拍打着翅膀。它们是"一夫一妻制"的拥护者，夫妻关系极为稳定，繁殖期间会互相梳理羽毛来增进感情。黑脸琵鹭的全球种群数量稀少，但随着我国滨海湿地修复工程的推进，2024 年 1 月全球同步调查到 6988 只黑脸琵鹭，在世界自然保护联盟濒危物种红色名录中位列"濒危（EN）"级，是中国国家一级保护动物。

（二）彩鹬

彩鹬（*Rostratula benghalensis*）隶属于鸻形目彩鹬科，又称大彩鹬，是一种中小型涉禽，主要以昆虫类、甲壳类及软体动物为食。彩鹬科的鸟类在全球仅有 2 种，主要分布在非洲、亚洲（涵盖印度、中国、日本等地）和大洋洲（包括澳大利亚等地）。在我国，彩鹬仅有 1 属 1 种，主要留居于我国华北东部、西南和沿海地区。彩鹬具有一定的经济和科研价值，先后被列入《IUCN 濒危物种红色名录》《中国生物多样性红色名录》《国家保护的有益的或者有重要经济、科学研究价值的陆生野生动物名录》。

"鸟"如其名，彩鹬有着纹饰独特的美丽外表，头和肩有醒目的白色粗条纹，两翼通常多横纹、纵纹及眼形斑点，一对眼睛大而有神。与自然界中的大多数鸟类不同的是，彩鹬雌鸟体型比雄鸟更大，色彩也更为艳丽。雌鸟的头胸部羽毛是鲜艳的栗红色，看上去雍容华贵，气度不

▲ 彩鹬

凡。一身驳杂的羽毛也是彩鹬伪装的利器,让它们在潜藏躲避时与周围的残根枯叶巧妙地融为一体,人们用肉眼很难发现它们的踪迹。彩鹬是在福田红树林留居繁殖的鸟类,通常于 3 月至 4 月开始在沼泽草丛中营巢,主要由雄鸟完成。彩鹬的产卵期在 3 月下旬至 6 月上旬,卵梨形,壳褐色,上有许多不规则的黑斑。彩鹬的繁殖通常遵循"一妻多夫制",一只雌鸟与数只雄鸟交配产卵,而孵卵的任务主要由雄鸟完成。

(三) 黑翅长脚鹬

黑翅长脚鹬(*Himantopus himantopus*),因拥有修长且醒目的黑色双翅而得名。它是一种中型涉禽,目前其种群数量在全球范围内虽未达到濒危级别,但在部分地区其种群数量呈现出一定的波动态势。它主要分布于欧洲东南部、亚洲、非洲以及澳大利亚等地。我国多地发现它们的踪迹,尤其是在深圳红树林,它们优雅的身姿与红树林的生态环境相得益彰,成为一道独特的生态景观。黑翅长脚鹬体长 35～45 cm,具有极高的辨识度。它全身羽毛以白色为主,而翅膀则为黑色,对比鲜明。其腿部极为修长,呈红色,长 15～20 cm,十分优雅。夏季时,它的头顶至后颈会呈现出黑色,与洁白的羽毛相互映衬,显得更为美丽。当它们展

▼ 黑翅长脚鹬

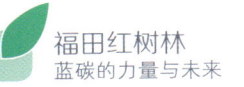

翅翱翔时，黑色的翅膀与白色的身体在空中划过优美的弧线，红色的长腿笔直地伸展在身后，极具观赏性。每年春秋两季，深圳都会迎来大量迁徙的黑翅长脚鹬，它们在此停歇、觅食，补充能量后继续踏上漫长的迁徙之旅。

黑翅长脚鹬主要栖息于开阔平原草地中的湖泊、浅水塘和沼泽地带，也常见于沿海地区的河口、港湾、红树林及沼泽湿地。在深圳，福田红树林自然保护区、深圳湾公园等地都是它们钟爱的栖息地。在这里，它们常成群结队地活动，时而在浅滩漫步，时而展翅飞翔，场面颇为壮观。它们以水中的小鱼、小虾、蟹类、软体动物、水生昆虫等为食。在捕食时，黑翅长脚鹬会凭借其修长的双腿在浅水中缓缓前行，将细长的嘴插入水中，敏锐地捕捉猎物。

（四）反嘴鹬

反嘴鹬（*Recurvirostra avosetta*），因其独特且向上弯曲的细长鸟喙而闻名，这种特殊的嘴型在鸟类中极为独特，辨识度极高。反嘴鹬是一种中型涉禽，体长 40～45 cm，身姿轻盈优雅。它的羽毛主要为白色，头部和颈部的黑色与白色羽毛相互交织，形成独特的斑纹。最引人注目的是它那黑色的细长鸟喙，长 10～12 cm，尖端向上弯曲，宛如一把精美的镰刀。其双腿修长，

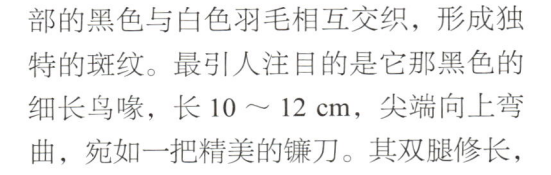

▼ 反嘴鹬

呈青灰色，长 15～18 cm，恰到好处的长度使它们在浅滩中行走自如。

反嘴鹬偏好栖息于湖泊、河流浅滩、沿海滩涂及河口湿地等水域环境。它们分布范围广泛，全球的种群数量相对稳定，涵盖欧洲、亚洲、非洲和大洋洲的大部分地区。我国许多地方都有它们的身影，深圳便是其中一处重要的栖息地。每年春秋两季，大量反嘴鹬途经此地。在福田红树林，它们常集成大群活动，在浅水中时而缓缓踱步，时而快速奔跑，寻找着食物。飞行时姿态优美，双翅扇动缓慢有力，黑色的翅尖与白色的身体在阳光下闪烁着光芒，与周边的湿地景观构成一幅美丽的画卷。

（五）琵嘴鸭

琵嘴鸭（*Anas clypeata*），是一种中型鸟类，以其独特的长嘴而闻名，嘴形似铲子，末端宽大，因此得名。它们体长 44～52 cm，体重约 500 g。雄鸭的头部和颈部呈暗绿色并带有金属光泽，胸部为白色，腹部和胁部为栗色，而雌鸭则以褐色为主，全身带有深褐色的斑点。

▲ 琵嘴鸭

琵嘴鸭喜欢栖息在开阔的水域，如湖泊、河流、沿海沼泽、池塘和水田等浅水水域。它们通常集群活动，常与其他鸭群混居。在泥滩及水面觅食时会将头伸直，喙左右摆动，滤食水面下的食物。琵嘴鸭主要以软体动物、甲壳类、水生昆虫、鱼、蛙等动物性食物为食，也食水藻等植物性食物。琵嘴鸭主要在水边浅水处或沼泽地上觅食，它会用呈铲形的嘴在泥土中掘食。

琵嘴鸭是迁徙性鸟类，琵嘴鸭到达深圳过冬的时间通常是每年 10 月至次年 4 月，这是深圳湾公园观鸟的最佳时期。它们在迁徙季节会集成较大的群体，但在非迁徙季节常成对或成 3～5 只的小群进行活动。琵嘴鸭的飞行能力不强，但飞行快而有力，翅膀振动常发出"呼呼"声。游泳时后部高前部低，嘴常常触到水面，速度不算快但很轻盈。有时也在岸边地上或浅水处行走，但行动笨拙而迟缓。

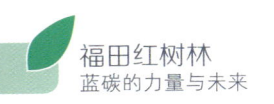

（六）弯嘴滨鹬

弯嘴滨鹬（*Calidris ferruginea*）是丘鹬科滨鹬属的一种小型涉禽，通常分布于俄罗斯西伯利亚北部，至非洲、南亚、大洋洲等地越冬。迁徙路线途经我国北方大部分地区，往南至广东、福建、海南、香港和台湾等地时部分留居越冬。体长 19～23 cm，细长且明显向下弯曲的嘴是它们名字的来源。弯嘴滨鹬虽然体型不大，但飞行能力强，飞行速度快，常集成紧密群体飞行。

▲ 弯嘴滨鹬

弯嘴滨鹬的羽毛在夏季和冬季有着明显的差异，夏羽上体黑色，下体栗色，而冬羽上体灰褐色，下体白色。它们飞翔时，从上方观察，白色腰和翼带极为醒目，从下方观察，翼下和尾下覆羽呈白色，其余下体为红色，色彩反差强烈。弯嘴滨鹬在繁殖期尤其喜欢栖息在富有苔原植物和灌木的苔藓湿地，非繁殖期则主要栖息于海岸、湖泊、河流、海湾、河口和附近沼泽地带。它们常成群在沙滩、泥地和浅水处活动和觅食，也常常混入其他鹬类群中同行。

由于近年来在全球的数量减少和规模缩减，弯嘴滨鹬已经被列为近危物种，物种脆弱性强。弯嘴滨鹬是福田红树林的过境候鸟，每年秋冬季节，它们会在深圳湾区域略作停留，补充体力后继续北上返回繁殖地。但由于它们的生活范围非常大，不同迁徙路线上不同种群的变化趋势各异，因此总体数量的变化趋势较难确定。由于我国黄海弯嘴滨鹬的栖息地丧失，使用东亚-澳大利西亚飞行路线的弯嘴滨鹬的数量被认为正在严重下降。

（七）金眶鸻

金眶鸻（*Charadrius dubius*）又叫黑领鸻，是隶属于鸻形目鸻科鸻属的小型涉禽，体长通常约 16 cm。嘴黑色，下嘴基部黄色，因为眼周金黄而得名。眼后白斑向上延伸到头顶，像老翁的长眉，左右两侧相连，前胸有明显的黑色领圈，脚橙黄色，看起来呆萌可爱。作为具有重要的生态、科学和社会价值的陆生野生动物，金眶鸻已被列入《中澳候鸟保护协定》名录。

▲ 金眶鸻

金眶鸻主要分布于我国华北、华中、西南地区，栖息于平原至低山的湖泊、河流的滨岸及附近湿地，也出现在海滨、河口和农田，常以鳞翅目、鞘翅目昆虫以及虾、软体动物等水生无脊椎动物为食。它们多单独或成对活动，只有在迁徙和越冬时成群。繁殖期在5—7月，于河滩或沙洲上，刨坑为巢。在2023年，福田红树林自然保护区观察到近10窝的金眶鸻在保护区内孵育幼鸟，雌鸟负责孵化，雄鸟负责警戒，孵化期24～26天。

红树林的潮滩上还经常可以看到大滨鹬、红嘴鸥、普通鸬鹚等鸟类，抑或百鸟振翅，抑或孤鹜翱翔。

▶ 三、大地宠儿：陆生动物

根据科学家们对福田红树林展开的调查，在福田红树林中，监测记录到昆虫群落共有20目137科598种，其中蚁科、蝇科、螟蛾科、沫蝉科和叶蝉科是占主要优势的种类。在红树林中的不同区域，昆虫的主要类群和个体数量也存在很大的差异，比如在基围鱼塘区域，这里的植被以灌木丛和草丛为主，植物生长茂盛，种类繁多，能够为昆虫提供良好的栖息环境，因此在这个区域，昆虫的类群是最为丰富的，一共统计到了10目49科。

在福田红树林中，两栖类和爬行类动物也占有一席之地，它们是这个生态系统中不可或缺的一部分。福田红树林记录到了两栖动物1目5科8种，爬行动物1目5科7种。这些动物的存在不仅丰富了红树林的生物多样性，而且在食物链中扮演着重要角色，维持着生态平衡。两栖动物如虎纹蛙等，它们的生活史包括水生和陆生两个阶段，对湿地环境的变化非常敏感，因

此可以作为环境健康状况的指示物种。爬行动物，如蟒蛇、黄斑渔游蛇等，是红树林生态系统中的顶级捕食者，它们控制着小型动物的种群数量，对维持生态系统的稳定起到关键作用。

哺乳动物也是红树林生态系统的重要组成部分。虽然红树林生长在海陆交界处，但全球红树林中的哺乳动物种类非常多，它们的生存与红树林息息相关。我国对于红树林中哺乳动物的多样性报道不多，然而调查发现，与我国其他红树林自然保护区相比，福田红树林自然保护区的哺乳动物资源相对丰富。在这里，2024年保护区管理局共调查记录到了包括啮齿目、猬形目、鼩形目、翼手目和食肉目共5目18种哺乳动物，占全国红树林哺乳动物物种种数的64.3%。根据记录的结果，福田红树林中以啮齿类动物最多，全为鼠科，占保护区哺乳动物总种数的将近一半。在众多哺乳动物中，小家鼠、褐家鼠、臭鼩和东亚伏翼的个体数量最为丰富，是福田红树林中的优势物种。

此外，在福田红树林中还记录到小灵猫、豹猫和黄鼬3种珍稀保护物种。小灵猫又叫笔猫、斑灵猫、七间狸、麝香猫等，是我国国家一级重点野生保护动物。因为小灵猫能分泌一种珍贵的被称为灵猫香的乳脂状物质，而这种香又与麝香、海狸香、龙涎香并称四大动物名香，因此自20世纪五六十年代起，我国所产的灵猫香香料就供给国内并大量出口，小灵猫也因此遭受了长期的乱捕滥猎，变得越来越稀少。豹猫是我国国家二级重点野生保护动物，生存维度范围较广，从热带到温带均有分布。它们主要以啮齿动物为食，有时也捕食鸟类、爬行动物、两栖动物和昆虫，偶尔甚至会吃一些浆果或植物嫩叶。黄鼬还有另一个我们所熟知的名字——黄鼠狼。

（一）华斜痣蜻

华斜痣蜻（*Tramea Virginia*），隶属于蜻科斜痣蜻属。其体型中等，体长40～50 mm，身姿灵动活泼。其身体主要为黑色，带有鲜明的黄色斑纹，翅膀透明，翅脉清晰，在阳光的照耀下闪烁着金属般的光泽。华斜痣蜻偏好栖息于池塘、溪流、稻田等淡水水域附近，这些地方丰富的水资源和充足的食物来

▲ 华斜痣蜻

源为它们提供了良好的生存环境。华斜痣蜻主要分布在亚洲东部和南部地区，在中国分布广泛，尤其是南方的湿地地区，深圳便是它们频繁出没的城市之一。在深圳，每年春夏季节是华斜痣蜻最为活跃的时期。它们飞行时，两对翅膀快速而有节奏地扇动，时而在空中悬停，时而急转弯，动作十分灵活。

（二）青凤蝶

青凤蝶（*Graphium sarpedon*），隶属凤蝶科青凤蝶属，青凤蝶体型中等，展翅宽 70～85 mm，飞行时灵动轻盈。其翅膀底色为黑色，上面布满了亮绿色的斑纹，犹如翡翠镶嵌其中，在阳光下闪烁着迷人的光泽。后翅具有细长的尾突，形似燕尾，飞行时随风摆动，更添几分优雅。主要分布于亚洲、非洲、大洋洲的热带和亚热带地区，在中国，广泛分布于南方各省，深圳的山林、公园等地都能看到它们的踪迹。在深圳，每年春季至秋季是青凤蝶最为活跃的时期。它们飞行时，翅膀缓慢而有节奏地扇动，姿态优雅，时而轻盈地穿梭于花丛间，时而在空中盘旋，与周围的自然景色融为一体，构成一幅美丽的生态画卷。

▲ 青凤蝶

（三）虎纹蛙

虎纹蛙（*Hoplobatrachus rugulosus*）是一种广泛分布于东南亚和中国南方等地的大型蛙类，常出没于稻田、池塘、沟渠等水域及其周边的潮湿环境。它们具备出色的水陆两栖生活能力，既能在水中自由游动，也能在陆地上迅速跳跃移动，以此寻找食物、繁衍后代以及躲避天敌。

▲ 虎纹蛙

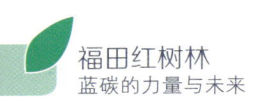

虎纹蛙体型壮硕，雄蛙体长一般为 66 ～ 98 mm，雌蛙体长则为 87 ～ 121 mm。其身体较为宽厚，头部宽阔，吻端钝尖，鼓膜大而明显。虎纹蛙四肢粗壮有力，前肢较短，后肢肌肉发达，趾间具发达的蹼，这使它们在水中游动时能产生强大的推进力，在陆地上也能实现远距离跳跃。虎纹蛙皮肤粗糙，布满大小不一的疣粒，这些疣粒不仅增加了皮肤表面积，有助于呼吸，还能在一定程度上防御敌害。虎纹蛙的体色和斑纹丰富多变，通常背部呈黄绿色或灰棕色，带有不规则的深色虎纹状斑纹，这些斑纹从头部延伸至尾部，十分醒目。斑纹颜色多为深褐色或黑色，宽窄和形状各异，有的连贯，有的断续。腹部为白色或浅黄色，部分个体带有灰色或棕色的斑点。这种独特的体色和斑纹，是虎纹蛙在自然环境中的保护色，使其在稻田、草丛以及水边等环境中更具隐蔽性。

（四）黄斑渔游蛇

黄斑渔游蛇（*Xenochrophis flavipunctatus*）是一种分布于东南亚及中国南方部分地区的半水生蛇类，主要栖息于稻田、池塘、河流等水域附近。它们有出色的水陆两栖生存能力，既能在水中灵活游动捕食水生生物，又能在陆地上快速爬行穿梭于草丛与岸边，以此来寻觅食物和躲避天敌。

▲ 黄斑渔游蛇

黄斑渔游蛇体型细长，呈圆筒状，身体较为灵活。其头部相对较小，与颈部区分不明显，眼睛较大且圆，瞳孔圆形，这赋予它们在不同环境下敏锐的视觉感知能力。它们体表覆盖着光滑的鳞片，背部鳞片呈菱形，紧密排列，不仅提供了良好的保护，还能减少在水中游动和陆地上爬行时的阻力。它的身体背部主要为橄榄绿色或黑褐色，在这主色调之上，散布着许多黄色或橘黄色的斑点，这些斑点在其背部两侧和体侧尤为明显，形成独特的斑纹图案；腹部颜色则相对较浅，多为灰白色或浅黄色。这种独特的体色和斑纹，是黄斑渔游蛇的保护色，使它们在水域周边的绿色植被、泥泞河岸以及光影斑驳的水体环境中更具隐蔽性。

（五）豹猫

豹猫（*Prionailurus bengalensis*），是我国国家二级重点野生保护动物，其生存维度范围较广，从热带到温带均有分布。豹猫通常在晨昏活动较多，是夜行性动物，常独栖或成对出现，善游水，喜在水塘边、溪沟边、稻田边等近水之处活动和觅食。其食性广泛，包括小型哺乳类动物、鸟类、鱼类和昆虫。

2017年2月，深圳福田红树林生态公园的红外感应相机首次捕捉到豹猫的身影。这表明豹猫不仅在深圳湾公园的河口北侧红树林水域中出现，而且在福田红树林生态公园也有分布。在深圳湾拍摄到的豹猫照片非常珍贵，因为豹猫白天被记录的次数并不多，在人类眼皮底下的活动记录更是少之又少。这些记录显示在人类活动较为频繁的区域也能发现豹猫，说明深圳湾的水环境和生态保护工作取得了明显成效，反映了该区域生态环境的恢复和保护工作的重要性。豹猫的存在是深圳湾生态健康的一个积极指标，同时也提醒我们继续加强保护措施，以确保这些珍稀动物的栖息地得到有效保护。

▲ 夜间的豹猫

福田红树林
蓝碳的力量与未来

▲ 红外相机拍摄的豹猫

第三节　蓝碳与生物多样性的关系

　　本节将基于前两节内容。从辩证的角度，讲述蓝碳生态系统与生物多样性的关系，探索蓝碳生态系统如何支撑生物多样性，而生物多样性对蓝碳生态系统的健康稳定发展起到什么样的作用。

　　红树林蓝碳和生物多样性之间的关系密切，它们相互促进，共同维护着地球的生态平衡。红树林具有强大的碳汇功能，能通过光合作用吸收大气中的二氧化碳，并将其长期储存在植被和土壤中。这种能力不仅有助于减缓全球气候变化，还为众多生物提供了生存的栖息地，从而促进了生物多样性的保护。反过来，生物多样性的丰富也有助于蓝碳生态系统的健康和碳汇功能的发挥。研究表明，红树林物种的多样性不仅提高了红树林生物量，而且还提高了地上生物和地下土壤的碳储量。一个生物多样性丰富的蓝碳生态系统更为健康，能够更有效地发挥其碳汇功能。例如，土壤微生物多样性与碳循环之间存在关联，生物多样性的增加可以增强土壤的碳储存能力。

红树林生物多样性保护的重要性不仅体现在维护生态平衡和生物多样性本身，而且对于红树林的碳汇功能和生态修复具有深远的影响。红树林作为地球上最高效的碳汇生态系统之一，其固碳能力是陆地森林的数倍，因此在全球气候变化应对策略中扮演着关键角色。通过保护和恢复红树林，以及采取科学的管理措施和技术手段，我们可以挖掘红树林的碳储存潜力，这被认为是一种"基于自然的解决方案"（Nature based Solutions, NbS），有助于减缓全球变暖的速度。

深圳福田红树林不仅是生物多样性的宝库，也是城市生态的重要组成部分。它拥有丰富的红树植物种类和众多依赖红树林生存的鸟类、鱼类和其他海洋生物，形成了一个错综复杂的生态系统。这些生物之间相互依存，共同维持着红树林的健康和稳定，同时也为红树林的碳汇功能提供了基础。

▼ 红树林是生物多样性的宝库

福田红树林
蓝碳的力量与未来

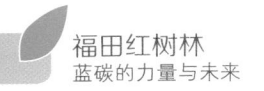

  保护福田红树林的生物多样性，意味着保护了这些生物之间的相互作用和生态服务功能，这对于红树林的碳汇能力至关重要。例如，红树林中的微生物和无脊椎动物通过分解有机物质，促进了碳的循环和储存。而鸟类和鱼类等动物则通过食物链的传递，间接影响着红树林的健康状况和碳储存能力。

  在全球碳中和目标的背景下，福田红树林的保护和生态修复不仅是对当地生物多样性的维护，也是对全球气候变化应对策略的贡献。通过科学研究和国际合作，我们可以更好地理解红树林的生态价值，制定更有效的保护和管理措施，以实现红树林的可持续利用和全球碳中和目标。

第五章
人海共济迎挑战——
蓝碳与全球变化

　　本章从气候变暖、台风、密集人口与人为扰动、水体富营养化、红树林病虫害和生物入侵等方面，提出了全球变化下福田红树林蓝碳生态系统所面临的挑战，展示了全球变化对于红树林碳汇和固碳能力造成的影响，同时也提出了红树林参与应对气候变化行动的重要意义，探讨红树林蓝碳给全球的气候变化应对行动带来的契机。

福田红树林
蓝碳的力量与未来

第一节　全球变化给深圳的考题

　　本节将从全球变化下气候变暖、台风、水体富营养化、城市人口密集、红树林管理扰动、生物入侵和病虫害等影响因子入手，阐明全球变化下福田红树林蓝碳生态系统面临的挑战。

　　红树林是海岸带生态系统的关键组成部分，在应对全球变化中发挥了中流砥柱的作用，展现出巨大的潜力。然而，作为地球的一员，红树林同样面临着全球变化带来的巨大挑战。全球变化深刻地影响了红树林生态系统的服务功能和人类的基本福祉。气候变暖、海平面上升、频繁的极端天气事件，都对红树林的生存和生态功能造成负面影响。我国红树林处于全球红树林天然分布区的北缘，受气候变化和海岸带人类活动的共同影响，这也是我国红树林面临的严峻挑战。对于位于繁华城市腹地的福田红树林来说，面对的挑战则更为艰巨而复杂，城市所带来的水体富营养化、人口密集的压力、人类活动干扰等因素的影响更加突出；除此之外，还有物种入侵、病虫害爆发等问题威胁着红树林的长期健康发展。

▼　城市中心的福田红树林

一、气候变暖和极端天气

全球变暖对全球生物的生活都产生了广泛而深刻的影响,对于红树林及其生境中的所有生物而言,气温升高直接意味着气候变得更加炎热。红树林分布中心地区海水温度的年平均值为 24 ～ 27℃,气温则在 20 ～ 30℃ 范围内。根据不同的生态类群,红树植物可以进一步划分为嗜热窄布种、嗜热广布种、抗低温广布种。嗜热窄布种能适应最低月平均气温大于 20℃ 的环境;嗜热广布种能适应最低月均温大于 12 ～ 16℃ 的环境;抗低温广布种能适应最低月均温小于 11℃ 的环境。冬季海水温度 20℃ 是红树林分布的临界点,低于这个水温,红树林就难以生存。

(一)气候变暖

气候变暖对红树林的生长是有积极影响的。气温升高可能改变林分结构和物候,增加原有红树林区的生物多样性,并导致红树林的分布范围不断地向高纬度移动。根据预测,温度升高 1℃,陆地物种的耐受限度向高纬度地区转移 125 公里。科学家也发现在美国的佛罗里达北部、墨西哥湾北部的密西西比河口和得克萨斯州海岸等地,气候变暖使红树林分布区向北推进。尽管如此,对于身处热带的红树林来说,天气过热也可能会打破生态系统中生物的温度平衡,影响它们的生理过程、物种活性和物种分布。

红树林的蓝碳功能,即其固碳能力,在夏季高温下可能会受到挑战,尤其是在亚热带地区的福田红树林。例如,高温可能导致秋茄幼苗的成熟叶片光合作用能力下降,净光合速率受到抑制,进而降低红树林的固碳效率。因此,夏季温度的显著升高对那些分布在低纬度地区且对温度敏感的红树植物来说,并不一定总是有益的,反而可能会对它们的生长和光合作用产生负面影响。温度的轻微变化可能会影响红树植物的开花和结果时间,但剧烈的温度变化则可能对它们构成致命威胁。

在全球变暖的背景下,虽然红树林的生物量可能会有所提高,但同时,生态系统的呼吸速率也可能随之提高。例如,当土壤温度处于 25 ～ 27℃ 时,土壤呼吸作用达到峰值,导致更多的土壤有机碳被分解,转化为二氧化碳并从生态系统中释放,这在一定程度上降低了红树林的固碳能力。此外,温度的上升还会加速微生物的活性,增加甲烷等温室气体的排放量,这可能会抵消红树林的固碳效果。因此,虽然气候变暖可能提高红树林碳汇的

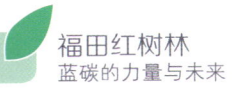

不确定性，也会带来一系列复杂的生态效应，这些效应可能会削弱红树林的生态功能。

（二）极端低温

随着全球气候变暖，极端低温的发生频率有所增加。在每次寒流过境时，红树植物面临低温的胁迫，也会表现出寒害或者冻害的症状，进而影响红树林生态系统的功能。近 20 年来，福田红树林经历了 2 次极端低温，保护区管理局都完整监测到低温过境时，红树林生态系统的变化。

▲ 2008 年寒害前福田红树林浮桥周边的红树林

▲ 2008 年寒害后福田红树林浮桥周边的红树林

2008年初，我国南方遭遇了罕见的持续低温雨雪冰冻天气，这场极端气候对华南沿海各省的红树林区造成了不同程度的危害。在福田红树林，海桑、无瓣海桑和引种的海莲受损程度严重。海桑在这次寒害中几乎完全落叶，显示出对温度的敏感性最强，抗寒能力最弱。无瓣海桑虽然也受到了影响，但在最早的引种地——海南东寨港，它显示出了一定的抗寒能力。相比之下，海莲大多数死亡，从原有的47株减少到目前的1株。在保护区观鸟船附近的监测照片显示，海桑群落在低温前后发生变化，直至寒害后9个月的夏秋季节，仍然难以恢复。

2016年初，福田红树林再次遭遇72小时的极端低温。海桑和无瓣海桑又一次受到低温影响，叶片干枯死亡。在此过程中，由于落叶、蒸腾速率下降等因素，植物的固碳速率迅速降低。蒸腾作用是维持植物生存和生长的关键生理过程，叶片水分供应减少后，萎蔫，进而干枯、坏死、掉落。叶片干枯死亡与蒸腾速率降低是一个恶性循环的过程，会使得海桑叶片几乎全部掉落，蒸腾速率几乎为零。这次低温对植物水分传输的影响直至次年才得以恢复，因此当年的红树林固碳量很少。

二、台风和风暴潮

在全球气候变暖的背景下，我国沿海地区风暴潮灾害发生的次数、强度和持续时间呈现出愈发严峻的态势。红树林被誉为消浪先锋、海岸卫士。

▼ 台风"山竹"过境后的红树林

福田红树林
蓝碳的力量与未来

作为天然的海岸屏障，红树林有助于抵御风暴潮、海啸、海平面上升和侵蚀，然而，风暴潮灾害对红树林也具有显著的破坏作用。近年来，气候变化带来的极端天气，如台风、洪水等也越发频繁出现，这对各类生物的生存和繁衍构成了挑战。福田红树林位于东南沿海，常常受到台风的侵袭，这直接对红树林及其生境中的其他动植物造成破坏性的影响，引起红树林死亡或损害，进而影响红树林生态系统中的碳收支平衡。2018年9月16日，台风"山竹"袭击深圳，深圳红树林受损严重，导致生态功能下降，包括防灾减灾的能力。同时，台风不仅对红树林植物造成物理损害，还可能影响其固碳功能和生物多样性维持功能。

三、城市化与人类影响

（一）密集人口与人为扰动

福田红树林地处深圳城市中心，人口密集，交通繁忙。自20世纪90年代起，深圳作为经济特区亟须建设，随之而来的便是人与林的相争，填海造陆和城建扩张等一系列问题曾导致严重的毁林现象，红树林及保护区的

▲ 隔音墙两边的红树林和城市

范围均受到较大的影响。保税区的建设，将深圳河口的基围鱼塘和红树林毁坏殆尽。1994年规划滨海大道，原计划是直接穿越福田红树林自然保护区，这引发了社会各界的强烈关注。在各界专家、市人大代表的关切以及市民的呼声下，滨海大道建设方案最终确定北移200余米，绕开了红树林保护区。1997年国务院对福田红树林区域进行红线范围的调整和界定，最后将福田红树林保护区面积划定为如今的367.64公顷，虽然保护区面积增大，但红树林面积相比之前减少了将近40%。

随着城市的发展，车辆尾气、交通噪声、高层建筑和光污染等问题的影响逐渐凸显出来。自1999年开通的横贯深圳市区的滨海大道，其中有一段就从保护区外围通过。福田区环境监测站2001年的监测数据显示，滨海大道在福田红树林段，平均每天有超过10万的车辆往来行驶，而到2012年，保护区周边的交通流量已经达到每天大约40万车辆。由于城市交通产生的噪声会对红树林中的鸟类造成负面影响，例如，繁殖期的鸟类活动可能会因此而改变，求偶效率也会有所下降，最终可能导致鸟类数量的减少，因此，早在滨海大道建设之初，就在保护区和公路之间筑起了隔音墙，将交通噪声的威胁降到最小。

此外，随着近年来沿海房地产行业的兴起，特别是深圳湾超级总部基地的规划建设，福田红树林保护区周边一带陆陆续续盖起了众多高大的楼盘，其中不少高度突破百米。这些相隔甚近的楼盘压缩了鸟类的生存活动空间，影响了保护区周边的生态环境质量，这些高层建筑所产生的城市灯光污染极有可能对福田红树林保护区中的鸟类产生诸多不利影响。

（二）水体富营养化

城市的繁华往往伴随着大量的人口增长和工业发展，而这种繁华带来的大量的污水排放成为一个严重的环境问题。20世纪八九十年代，福田红树林所在的深圳湾集纳了大量来自深圳河、新洲河和凤塘河等几条主要河流的生活及工业污水，城市产生的生活污水和工业污水中含有大量的有机物以及氮、磷等营养物质，若这些物质过量排放，很容易引起水体富营养化。

在深圳福田，凤塘河及其支流自北向南从福田红树林中穿过，曾给红树林林区内带来严重污染和淤积。由于水流较为缓慢，水动力不足，藻类和其他浮游生物很容易被水中丰富的营养物质吸引而迅速汇聚繁殖。藻类等浮游生物的大量繁殖能在短时间内造成水中溶解氧含量降低。而红树林

福田红树林
蓝碳的力量与未来

可抑制有害藻类生长，减少赤潮爆发的几率。有研究显示，截至 2017 年，整个深圳湾的水体仍处于高富营养化水平，无机氮含量超过国家第四类海水水质标准，且呈现继续升高趋势。近年来，深圳坚持陆海统筹，为水质的优化做出了许多努力：新建污水处理厂，完善雨污分流系统，严格控制陆源污染，等等，并在此基础上展开了河道治理和生态修复工程。目前，凤塘河的水质已经得到了极大的改善，但如何长久地维持城市发展与水体健康的平衡，实现人与红树林生态系统的可持续发展，仍然需要持续的努力和探究。

2024 年冬季，深圳海域爆发了球形棕囊藻赤潮，影响范围较广。深圳湾沿岸多个区域发现赤潮，棕囊藻胶质囊最大密度在 9 个/升至 89 个/升之间，并伴随叶绿素显著升高，所幸，海面未见大量鱼类死亡现象。赤潮导致海水水质变差，赤潮生物死亡分解时可能产生有害气体和物质，对红树林的生态环境和动物也存在负面影响。

▲ 福田红树林海水中的棕囊藻赤潮
（上：红树林水体棕色部分为胶质囊密集的区域；下：棕囊藻胶质囊）

（三）红树林病虫害

自 1990 年以来，福田红树林受到病虫害的影响愈发严重，也曾因面临虫害肆虐而缺乏有效的防治药物，出现过成片红树近乎枯萎的现象。为应对红树林虫害种类较多、发生较为频繁的问题，福田红树林保护区对此做出了积极的响应，除了通过喷洒低毒的生物农药、在红树上放置粘虫板等方式以遏制虫害以外，还通过在红树林与基围鱼塘之间的过渡地带种植适宜红树林害虫天敌栖息的灌木丛和草丛，恢复害虫天敌的种类和数量，吸引害虫天敌入住红树林，来防止虫害的继续扩散。

但病虫害的防治是一个长期的课题，近年来发生较多的海榄雌瘤斑螟、八点广翅蜡蝉、螟蛾等虫害，对秋茄、白骨壤、桐花树等红树植物仍然造成了不同程度的危害。尤其是白骨壤，由于自身单宁含量在红树植物中较少，因此也较易受到啃食，导致叶片干枯发黄。历史上，海榄雌瘤斑螟虫害曾在 1994 年、1999 年、2004 年与 2012 年先后 4 次爆发，严重阻碍了白骨壤的生长和繁衍，至今仍是福田红树林中主要的成灾害虫之一，也是每年红树林虫害防治的主要对象。

▲ 2012 年福田红树林白骨壤虫害（海榄雌瘤斑螟）（上：枝条；下：群落）

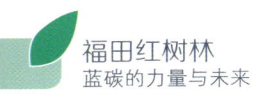

（四）生物入侵

随着全球贸易的增加和交通联系的密切，外来物种因种种原因被引入红树林生态系统。外来物种进入新的生境后，可能因不适应新环境而被排斥，也有可能因为新的环境中没有能够制约它的生物而抢占资源、传播病害或者改变栖息地结构，快速繁殖并占领新的领域，破坏当地的生态平衡，成为威胁红树林生境的入侵者。

生物入侵是福田红树林面临的又一个严峻挑战。近年来，入侵物种问题突出，已经给福田红树林的生态安全造成了严重的威胁。福田红树林中的入侵植物主要有银合欢、金合欢、蟛蜞菊、白花鬼针草、马樱丹等，因为生长速度快，适应能力强，抢占了鱼塘等陆地生境中许多本地生物物种特别是昆虫天敌的生存空间和资源，使生境中的生物多样性减弱，群落结构变得更为单一，湿地生态系统的脆弱性也增加了。为了减少入侵物种对红树林中的本土植物的不利影响，福田红树林保护区对入侵植物进行人工清除，并补种本土植物，每年定期清理和管护，以控制入侵植物的生长。

海桑和无瓣海桑

20世纪90年代初，应红树林恢复和重建的需求，深圳湾从海南引种海桑属植物海桑与无瓣海桑。其中，海桑是我国本地种，主要分布在海南文昌。无瓣海桑是1985年从孟加拉国孙德尔本斯红树林引种到中国海南东寨港的物种，此前在我国以及太平洋地区没有分布，因此，该物种引种到中国是突破了其天然分布物理屏障的全球跨区域引种。这样的引种常常存在一定的隐患，即新的物种在引入地生态系统具有更大的威胁。

2000年以来，对于早期在福田红树林中大量引种的红树植物无瓣海桑，科学家们仍然对其是否会对本土红树植物存在潜在威胁持有不同的意见。有学者认为，作为先锋物种，无瓣海桑生长速度快，在红树林修复中比本土红树植物有着更突出的优势，能快速占领滩涂，但其快速扩散能力已经威胁到本土树种的生境。随着这两种海桑在福田红树林种植时间的延长，其后代的成活率增加，每年都有大量的幼苗密布红树林前的光滩，一旦定植，这些幼苗就迅速生长。跟踪研究发现，由于海桑和无瓣海桑的适应能力强、繁殖速度快、生长速度快，已经出现了挤占光滩、与本地种竞争等特性。因此，深圳市林业局提出降低其对本土红树的影响，减缓外来红树在深圳湾的扩散，限制其对深圳湾滩涂的持续侵占，为冬季候鸟提供更多的栖息空间。

福田红树林是以珍稀濒危候鸟为重点保护对象的保护区，维持一定面积的光滩为水鸟提供觅食地，是福田红树林保护工作的关键。自海桑属植物引种到福田红树林后，保护区管理局系统开展了无瓣海桑自然扩散情况的长期持续监测，特别是核心区域的跟踪监测，并每年及时清除扩散幼苗及林下的幼树，甚至几次集中清理砍伐区内已长成大树的海桑和无瓣海桑，保护原生红树林。近些年来，因深圳湾滩涂淤积较严重，滩涂高程抬高，红树林幼苗在滩涂扩散定居，特别是本土先锋种桐花树，已自然扩散到深圳河河道一侧。近两年，每年两次清理滩涂上的植物幼苗，包括本土红树幼苗、海桑属植物以及莎草科草本植物，以维持稳定面积的光滩为水鸟提供觅食地，也成为福田红树林保护的关键。

第二节　红树林的气候变化应对

本节将探讨红树林参与应对气候变化行动的重要意义，从全球到深圳，探讨红树林蓝碳给气候变化应对带来的契机。

在全球气候变化的大背景下，福田红树林正面临着前所未有的挑战。沿海台风和极端低温的加剧对红树林构成了直接威胁。据世界自然保护联盟 2024 年发布的《生态系统红色名录》（Red List of Ecosystems）的评估，全球约 50% 的红树林生态系统正面临崩溃风险，其中 19.6% 面临极高的崩溃风险。若到 2050 年不采取有效措施，气候变化将导致碳封存量减少约 18 亿吨，使约 210 万人和近 360 亿美元财产遭受沿海洪水威胁。

▶ 一、红树林保护与生境修复

"十四五"期间，我国已经制定了《红树林保护修复专项行动计划（2020—2025 年）》，明确了红树林保护修复的区域布局、建设任务和重点内容。在全国范围内，实施红树林生态修复，包括科学营造红树林、修复现有红树林以及保护珍稀濒危红树物种。这些措施旨在扩大红树林面积，提高生物多样性，并增强红树林的碳汇功能。

▲ 改造后的 5 号鱼塘

▲ 改造后的 6 号鱼塘

（一）污染整治和生境修复

针对城市腹地的红树林湿地综合功能的提升，深圳市重点开展了生境修复技术的研发和示范。深圳市新建污水处理厂，完善雨污分流管网系统，严控陆源污染。实施系列污染治理"先导工程"，使海洋水体综合污染指数下降 32.5%。通过入湾河道综合治理、鱼塘水鸟栖息地功能恢复、外来物种与病虫害防控及种植红树林等措施，系统恢复深圳湾滨海红树林湿地生态系统的结构与功能。在深圳河口、凤塘河口的红树林生态修复中，保护区重点对海桑属植物进行试验性清理，分别营造适宜水鸟活动的光滩和"红树—半红树—岸基植物"微生态系统。保护区开展福田红树林鱼塘生境管理，清理外来乔木，营造开阔水面和不同坡度的小岛，建设智能水闸，实现鱼塘水位调控和生物交换，满足多种鸟类的栖息和捕食需求。

第五章
人海共济迎挑战——蓝碳与全球变化

（二）科技支撑与动态监测

福田保护区重视红树林保护修复科技攻关，加强现有技术集成与推广应用，推动"产学研用"一体化建设，提高红树林生态系统动态监测能力，实施红树林生态修复全过程跟踪评估。通过长时间系列动态变化监测，发现 2005—2020 年间深圳湾红树林面积总体呈上升趋势，2021 年出现人为因素的减少。

在福田红树林，还有一套慢直播系统，它通过高科技设备为公众提供了一个 24 小时在线观看红树林和水鸟活动的平台。2020 年，保护区在福田红树林安装了两套 4K 高清全景摄像机视频监控设备，这些设备能够实现对区内生物的实时直播。公众可以通过下载"央视频"APP，搜索"秘境之眼—水鸟乐园—福田红树林"，在线观看福田红树林的美景，随时观察水鸟的一举一动，感受万鸟归巢、繁衍生息的壮观与美好。此外，保护区管理局还安装了云台摄像机、红外相机等设备，实现了对区内生物的全天候、实时在线监测，这不仅有利于对鸟类和其他兽类进行调查研究，还实现了"不被打扰的相逢"。通过这些慢直播设备，福田红树林能够向公众展示其丰富的生物多样性和独特的生态系统，让更多人能够远程观赏和了解这片珍贵的自然区域，同时也为科研监测提供了便利。

▼ 福田红树林的智慧管理系统

福田红树林
蓝碳的力量与未来

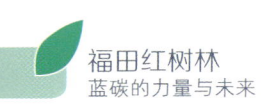

▲ 4K 高清全景摄像机视频监控系统
（上：白天的监测照片；中：晚上的监测照片；下：红外相机监测下的夜间鸟类栖息场景）

二、法律法规和制度体系完善

为了保护红树林，国家需加强统筹，积极推动红树林保护相关法律法规的制定与修订工作。例如，在《中华人民共和国湿地保护法》的制定和《中华人民共和国海洋环境保护法》的修订中，都包含了红树林保护修复的专门条款，为红树林保护修复提供了法律支撑。广东省也出台了《广东省湿地保护条例》，新增了"红树林湿地保护"一章，对红树林保护修复的法律法规和制度体系进行了完善。值得一提的是，2021年12月签署的《中华人民共和国湿地保护法》中，就红树林保护专门设置了多项条款，明确要求各地要采取有效措施保护红树林，除国家重大项目和防灾减灾等项目外禁止占用红树林，使得中国红树林从此受到法律的全面、严格保护。

深圳市积极推进红树林保护修复立法，推动红树林保护相关法律法规的制定修订工作。同时，完善地方红树林保护修复制度，各地根据本地区工作实际，健全红树林保护与修复制度体系。深圳规划和自然资源局发布了全国首个自然资源领域红树林碳汇地方标准——《红树林碳储量调查和碳汇核算指南》，指导和规范深圳红树林碳汇评估。

三、全社会协同治理

深圳市全面推行林长制，将红树林保护修复列为重大任务。辖区成立了海岸带林长，实施海陆统筹总体保护红树林。对于重大交通项目建设单位提交的移植采伐红树林的申请，市政府审慎考量后，要求所有相关项目单位调整建设路线，实施绕道方案，不计代价保护好红树林。

深圳市在红树林生态保护和修复方面采取了创新的策略，通过积极调动社会各界力量，特别是引入社会资本，吸纳社会力量参与到深圳湾滨海湿地的保护工作中。这种多方参与的模式不仅增强了保护工作的力度，也为红树林的可持续发展提供了新的动力。其中，华侨城集团和红树林基金会等社会力量的参与，为华侨城湿地、福田红树林生态公园的保护修复和运营管理带来了显著的成效。

深圳红树林基金会（Mangrove Conservation Foundation, MCF）成立于2012年7月，是中国首家由民间发起的地方性环保公募基金会，致力于湿地和滨海生态系统的保护和恢复。

作为中国改革开放的前沿城市,深圳在实现经济快速发展的同时,城市化进程也引发了一系列环境问题,包括湿地生态系统的退化。深圳拥有丰富的红树林资源,这些红树林不仅是重要的生态屏障,而且具有重要的生态服务功能,如净化水质、防风固岸、维持生物多样性等。然而,由于城市扩张和工业发展,红树林面临着栖息地丧失、生态功能退化等问题。在这样的背景下,深圳红树林基金会应运而生,旨在通过科学的方法和公众参与,保护和恢复红树林生态系统,提高公众对湿地保护的认识和参与度。基金会通过开展科学研究、社区参与、政策倡导和公众教育等活动,推动红树林的保护工作,促进生态平衡和可持续发展。

红树林基金会成立后,在福田红树林的保护中发挥了其在生态保护领域的专业性和影响力,通过募集资金、组织志愿者活动、开展公众教育等多种方式,提高了公众对红树林保护的意识,增强了社会各界对红树林保护的参与度。社会资本的引入,使得福田红树林的保护工作更加多元化和专业化。

社会资本和力量的参与,不仅为红树林的保护工作提供了资金、技术和人力支持,也为红树林的保护工作注入了社会责任感和使命感。通过全民参与,福田红树林的保护工作得以持续推进,不仅有效地保护和恢复了红树林生态系统,实现了红树林生物多样性保护和碳汇功能的提升,也为其他城市提供了可借鉴的经验,为全球碳中和目标的实现做出了积极的示范。

第六章
绿水青山载福泽——蓝碳的价值

　　本章基于以福田红树林为代表的蓝碳生态系统，从经济价值、生态价值、社会人文价值等方面入手，重点介绍了蓝碳的重要性，展现了蓝碳与人们的生活密切相关，展望深圳湾福田红树林生态系统的未来发展，倡导加强对蓝碳生态系统的关注和保护。

福田红树林
蓝碳的力量与未来

第一节　交易市场中的"蓝色资产"

本节聚焦碳汇交易，介绍蓝碳产生的经济价值。结合核证减排标准（Verified Carbon Standard, VCS）和气候、社区和生物多样性（Climate Community and Biodiversity Standards, CCB）标准，解释蓝碳进行碳汇交易的流程与机制，介绍近年来我国蓝碳交易取得的成果以及在人们生产生活中的体现，对蓝碳交易的广阔前景进行展望。

2011年10月，联合国教科文组织、政府间海洋学委员会、联合国发展计划组织、国际海事组织以及联合国粮食和农业组织等机构联合发布了《海洋及沿海地区可持续发展蓝图》报告。报告提出了保护海洋生态系统、实现海洋资源和生态系统可持续和公平利用、建立全球性蓝碳市场的目标。因此，蓝碳市场的开发将为经济发展提供新思路和新模式，也将成为红树林保护和恢复的新机遇。

一、红树林蓝碳的机遇

碳汇交易近年来在碳交易市场中掀起了一股热潮。它是基于《联合国气候变化框架公约》和《京都议定书》对各国分配的二氧化碳排放指标的规定，所创设出来的一种交易。也就是说，碳汇的交易并不是真正把空气打包制成商品在市场上流通，而是通过一方出钱向另一方购买碳排放指标，卖出碳排放指标的一方通过减少二氧化碳的排放或者增加二氧化碳的吸收，来抵消购买方所多排放的二氧化碳。这是通过市场交易的机制来达到"碳中和"目的的一种有效途径。

（一）绿碳和蓝碳

绿碳（green carbon）和蓝碳（blue carbon）是我们常见的两个与碳汇相关的术语，它们代表了不同的生态系统在碳循环中的作用。

绿碳，指的是陆地生态系统，尤其是森林和草地，通过光合作用吸收大气中的二氧化碳，将其转化为有机物质并储存在植物体内或土壤中的过程和机制。这个过程被称为碳封存，是陆地生态系统对全球碳循环的重要贡献。绿碳的增加可以通过植树造林、森林管理、草地恢复等措施实现，这些活动有助于减少大气中的温室气体，对抗全球变暖。绿碳的概念强调了陆地生态系统在减缓气候变化中的关键作用，尤其是在实现碳中和目标的过程中。

蓝碳，则是指海洋和沿海生态系统，如红树林、盐沼和海草床，它们通过生物过程吸收和储存大量的碳的过程和机制。这些生态系统能够将碳以有机物质的形式固定在沉积物中，形成长期的碳储存。蓝碳生态系统不仅对全球碳循环有着重要影响，还提供了生物多样性保护、海岸线保护和渔业资源等多种生态服务。蓝碳的概念强调了海洋和沿海生态系统在应对气候变化中的潜力，尤其是在减少大气中二氧化碳含量和增强生态系统韧性方面的作用。

目前，绿碳的碳汇交易较为常见，但在红树林中蓝碳的应用案例十分有限。

（二）碳汇交易的发展进程

在碳汇交易中，绿碳和蓝碳都扮演着重要角色。碳汇交易始于1997年《京都议定书》的签署，该议定书引入了清洁发展机制（Clean Development Mechanism, CDM），允许发达国家通过资助发展中国家的减排项目来实现自身的减排目标。随着全球对气候变化的关注增加，碳汇交易市场逐渐发展，绿碳和蓝碳项目成为其中的重要组成部分。这些项目通过提供碳信用，允许企业或国家以投资碳汇项目来抵消其温室气体的排放，从而促进了对绿碳和蓝碳生态系统保护和恢复的投资。碳汇交易不仅有助于实现全球减排目标，也为保护和恢复这些关键生态系统提供了经济激励。这种机制鼓励了对绿碳和蓝碳项目的投资，促进了全球减排和碳中和目标的实现。

（三）红树林蓝碳交易

随着红树林的蓝碳发展潜力得到广泛认可，红树林的保护和修复也成为缓解大气二氧化碳增加和气候变暖负面效应的有效措施之一。自2010年起，红树林已经被《联合国气候变化框架公约》认可，并作为清洁发展机制（CDM）参与碳证贸易的碳汇林；此后也纳入核证减排标准（VCS）。这使对红树林的保护、管理和恢复更具潜在的意义——将成为缓解气候变暖的全球战略之一。

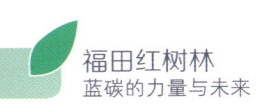

自全球第一个蓝碳项目——肯尼亚 Gazi 湾的 Mikoko Pamoja 项目启动，全球目前已经完成了十几个蓝碳项目，在自愿碳交易市场中应用于湿地保护、恢复和重建的碳信用开发。在我国，第一个蓝碳项目是 2021 年 6 月的"广东湛江红树林造林项目"，是中国在蓝碳领域的先行者，为后续蓝碳项目的发展提供了宝贵经验。

深圳的第一个蓝碳项目是于 2023 年 9 月 26 日完成的，这也是全国红树林保护碳汇"第一拍"。深圳完成了全国首单红树林保护碳汇交易，拍卖所得用于反哺红树林保护与修复，这体现了深圳在蓝碳项目方面的积极探索和实践。这些项目的成功实施，不仅为我国蓝碳市场的发展提供了宝贵经验，也为应对全球气候变化做出了积极贡献。

二、蓝碳可以卖钱——交易的市场机制

红树林等蓝碳生态系统不仅具有多样的生态服务功能，而且在经济方面具有重要价值，这就是蓝碳碳汇收益。

蓝碳碳汇方面的交易还处在起步阶段。由于覆盖面积相对较小、相关排放因子尚未得到独立量化、红树林的减排潜力被低估等原因，目前国内对于蓝碳的收益尚未达成一致的模式。且在交易环节中，恰当的交易机制的选择，成为直接推动蓝碳市场建设的关键所在。碳汇的交易根据交易主体和动机的不同，可以分为自愿市场、履约市场和普惠市场，目前国际上针对自愿市场的交易实践已较为成熟。

▲ 蓝碳交易的机制

（一）自愿市场的碳汇交易

自愿市场为蓝碳项目的碳信用开发和交易提供了很好的实践机会，在自愿市场中，红树林保护区和国家湿地公园的管理单位、海洋牧场等项目开发单位、拥有小规模蓝碳资源的社区，都可以成为蓝碳交易中的卖家。他们通过恢复、保护或增加蓝碳资源来获取新增的碳汇，再依据不同自愿市场下的碳信用核证方法和标准开发碳信用，最后在相应的碳汇市场上对碳信用进行交易，而交易获得的资金又可以用于蓝碳资源的保护和恢复，形成良性的循环。

我国最大的自愿碳市场是全国温室气体自愿减排交易市场（China Certified Emission Reduction, CCER）。这是我国推出的助力实现碳达峰碳中和目标的重要政策工具，它与全国碳排放权交易市场（强制碳市场）共同构成了我国碳交易体系的两个支撑工具。值得一提的是，在 2023 年 1 月 CCER 市场重启后，红树林被列入第一批方法学，这也意味着红树林碳汇项目的开发和交易已经得到了国家层面的认可和支持，标志着中国在推动红树林保护和蓝碳发展方面迈出了重要一步，这不仅有助于实现国内的"双碳"目标，也为全球气候变化的应对做出了积极贡献。

（二）蓝碳碳汇交易机制

在我国的碳汇交易市场中，交易的各方各有职责和分工。在蓝碳市场中，CCER 市场的交易主体包括符合国家有关规定的法人、其他组织和自然人。交易产品主要是核证自愿减排量和其他交易产品。买家一般是来自承诺碳减排或碳中和的企业或事业单位，当这些单位或机构承诺碳减排或碳中和目标后，无法通过自身减排的方式实现预期目标，就可以通过自愿市场购买碳汇来抵消这部分碳排放。在碳交易中，碳排放量或减排量必须经过第三方的核证。通过 CCER 机制，红树林碳汇项目可以在市场上进行交易，这为社会资本参与红树林保护修复提供了激励。项目收益可以用于支持红树林的管护工作，形成良性循环，促进生态保护与修复。

蓝碳交易的利益相关方

开发方：开发方通常是指负责设计、实施和监测碳汇项目的实体。他们遵循国家相关政策和方法学要求，对拟议项目进行初步评估，如果项目符合基本条件且经济上可行，则进入开发程序。开发方负责项目的审定、注册、实施和监测，并确保

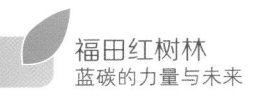

项目产生的减排量能够被第三方机构量化核证。

业主：业主是指拥有项目边界范围内清晰林权的所有者，例如林户、林场主或投资人。他们可以是碳汇项目的直接受益者，负责项目的日常运营和维护，并与开发方合作进行项目的申报和交易。

买家：买家包括公益减排买家、履约企业和市场投资者。公益减排买家可能是追求碳中和的大型会议组织者、企业或知名跨国公司。履约企业则来自电力、水泥、钢铁、石化、造纸、航空、交通、建筑等行业，他们购买碳汇以满足政策规定的减排要求。市场投资者则可能是碳商或金融机构，他们投资于碳汇项目以获取经济回报。

第三方：第三方机构在碳汇交易中扮演着核证和监督的角色。他们负责对项目的额外性进行评估，按照国家有关政策和规则进行独立审定与核证，确保项目的减排量真实可信。第三方机构的核证结果对于项目的备案和减排量的签发至关重要。

这种关系框架确保了碳汇交易的透明度和有效性，同时促进了碳汇项目的发展和碳市场的流动性。通过这种机制，可以动员更广泛的行业企业自主自愿地参与温室气体减排行动，并创造绿色市场机遇，带动全社会共同参与绿色低碳发展。

三、蓝碳怎么算——交易的核证标准

在碳汇市场中，方法学（methodology）是指一套详细的规则和指导原则，用于指导温室气体自愿减排项目的开发、实施、审定和减排量核查。具体来说，方法学定义了如何识别项目的基准线、论证项目的额外性、核算项目的减排量以及制定监测计划等关键步骤。它对减排项目的基准线识别、额外性论证、减排量核算和监测计划制定等具有重要的规范作用。当前，国际自愿碳市场上已经存在一些与蓝碳相关的方法学和认证标准。2021年起，我国各地也开始研发适合我国红树林的蓝碳方法学。

（一）国际红树林蓝碳方法学

2013年发布的《2006年IPCC国家温室气体清单指南2013年附录：湿地》，其第四章滨海湿地部分包括红树林、滨海沼泽和海草床三大海岸带蓝碳生态系统的温室气体清单编制方法，将蓝碳正式纳入《联合国气候变化框架公约》相关机制。2013年，清洁发展机制（CDM）的《退化红树林生境的造林和再造林方法学》（AR-AM0014）发布，这是最早的红树林蓝碳方法学，也是目前应用最广泛的方法学。此外，还有核证减排标准（VCS）发布的《滩涂湿地和海草修复方法学》，以及气候、社区和生物多样性（CCB）标准等。VCS 是全球最广泛的自愿性减排量认证标准，项目通过 VCS 的认证，就相当于获得了国际通行的碳交易"许可证"。CCB 是对项目减缓、适应气候变化，促进社区可持续发展和生物多样性保护多重效益的认证标准，属于附加的标准。项目符合 CCB 的要求，就意味着在碳交易时会具有更高的市场价值。

清洁发展机制（CDM）

（1）《退化红树林生境的造林和再造林方法学》（AR-AM0014）：适用于在退化红树林生境开展的造林和再造林活动，明确了项目活动的额外性论证、基线情景设定、碳汇计量与监测等方法，帮助量化通过恢复退化红树林生境所产生的碳汇量。

（2）《在湿地上开展的小规模造林和再造林项目活动方法学》（AR-AMS0003）：针对在湿地环境中进行的小规模造林和再造林项目，规范了项目开发流程和碳汇核算方法，考虑了湿地生态系统的特点以及项目活动对湿地生态功能的影响。

核证减排标准（VCS）

（1）《构建滨海湿地的方法学》（VM0024）：侧重于滨海湿地的构建活动，包括湿地的生态修复、植被恢复等，提供了从项目规划到实施以及碳汇监测与评估的一整套方法，以确保项目能够有效增加滨海湿地的碳储量。

（2）《潮汐湿地和海草恢复方法学》（VM0033）：主要用于潮汐湿地和海草床的恢复项目，明确了适合海草生长的环境条件评估、海草种植和移植的技术要求，以及恢复过程中碳汇量的核算和监测方法等。

其他国家或地区开发的方法学

（1）美国湿地碳汇方法学：美国制定了一系列针对湿地生态系统的碳汇核算方法，考虑了不同类型湿地的特点，如淡水湿地、滨海湿地等，以及湿地生态系统中土壤有机碳、植被生物量等碳库的变化情况。

（2）澳大利亚蓝碳方法学：澳大利亚在蓝碳研究和实践方面也较为积极，开发了适用于本国的蓝碳方法学，重点关注海草床、红树林等生态系统的碳汇评估和监测，以及与海洋生态保护和修复相结合的项目实施。

（3）欧盟蓝碳相关方法学：欧盟在应对气候变化的政策框架下，不断探索和完善蓝碳方法学，涉及海洋生态系统的保护和修复、碳汇项目的开发和管理等方面，旨在推动蓝碳在欧盟范围内的有效应用。

（二）我国红树林蓝碳方法学

2021年9月12日，依据厦门大学陈鹭真教授团队开发的《红树林造林碳汇项目方法学》进行碳汇测算的全国首宗海洋碳汇交易顺利成交。作为我国自主研发的第一个蓝碳方法学，《红树林造林碳汇项目方法学》为我国红树林碳汇的量化和交易提供了科学依据，为后续红树林碳汇项目的开发和交易提供了范例和标准。

2022年11月15日，广州碳排放权交易中心在广东省生态产品价值实现平台发布了《红树造林碳汇计量与监测方法学》。该方法学拓展了自然资源领域碳汇方法学的应用领域，完善了项目开发与交易流程，助推生态系统碳汇交易体系应用。

2023年4月4日，广东省生态环境厅印发《广东省红树林碳普惠方法学（2023年版）》，规定了广东省（不含深圳市）红树林生态修复过程中实施

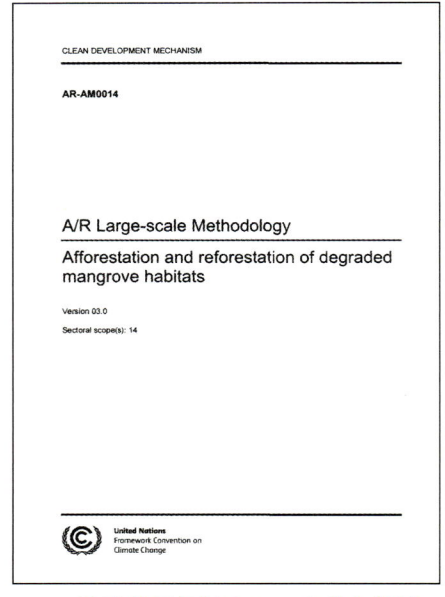

▲ 清洁发展机制（CDM）的红树林碳汇方法学（图片来源：CDM）

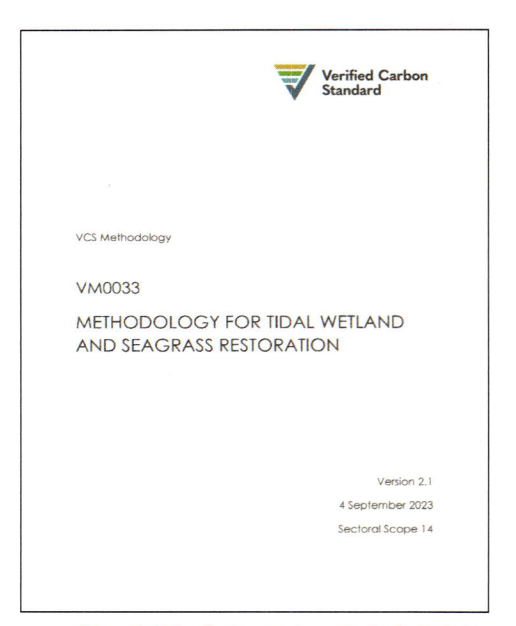

▲ 核证减排标准（VCS）下的蓝碳方法学（图片来源：Verra）

增汇行为产生的碳普惠核证减排量的核算流程和方法。这是全国首个蓝碳碳普惠方法学，填补了我国蓝碳碳普惠核算方法学的空白，对促进红树林生态产品价值的实现具有重要意义。

2023 年，海南省红树林碳汇方法学《海南红树林造林 / 再造林碳汇项目方法学（HN2023001-V01）》通过评审并正式发布。方法学确保海南省红树林造林 / 再造林项目产生的碳汇量达到可监测、可报告、可核查的要求，为海南红树林碳普惠项目实施提供技术保障，为红树林蓝碳生态产品价值转化提供重要参考。

2023 年 5 月 12 日，福建省红树林碳汇方法学《福建省修复红树林碳汇项目方法学（AR-FAM2023001-V01）》，在福建省生态环境厅完成备案，纳入福建省林业碳汇机制，为福建省红树林碳汇交易和生态系统价值实现提供了技术依据，对福建省深入开展红树林保护、推动生态产品价值实现、探索生态碳汇交易和助力"双碳"等目标实现具有重要现实意义。

2023 年 5 月 25 日，深圳市规划和自然资源局发布了全国首个《红树林保护项目碳汇方法学（试行）》。这一方法学明确了红树林保护项目碳汇的碳计量方法及监测程序，填补了国内自然生态系统保护类碳汇项目方法学的空白，为建立红树林保护碳汇市场提供了技术支持。

2023 年 10 月 24 日，生态环境部办公厅正式发布了包括《温室气体自愿减排项目方法学 红树林营造》等 4 项方法学。该方法学是国家 CCER 机制下的方法学，为我国红树林营造碳汇项目的开发提供了科学、规范的指导，有助于推动红树林生态修复，增加红树林面积和生态系统碳储量，实现二氧化碳清除，提升海岸带生态系统的碳汇能力，从而助力我国碳达峰、碳中和目标的实现。

▲ 深圳《红树林保护项目碳汇方法学（试行）》
（图片来源：深圳市规划和自然资源局）

福田红树林
蓝碳的力量与未来

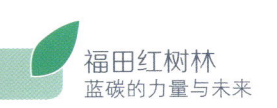

◀ 生态环境部公布的中国核证减排量（CCER）红树林方法学的网页
（图片来源：生态环境部网站）

◀ 生态环境部公布的 CCER 红树林方法学的首页
（图片来源 生态环境部网站）

尽管蓝碳市场潜力巨大，但目前国内外市场活跃度还不高，存在缺乏开发经验、开发成本高、开发意愿不强等问题。推进蓝碳投融资的相关制度和机制，大力支持蓝色碳汇项目开发，需要积极探索蓝碳生态系统产品价值实现的有效途径。

第二节　滨海蓝碳交易实际案例

本节介绍国内外滨海蓝碳交易的案例，展现蓝碳生态价值实现的路径。

国际上针对滨海蓝碳的试点工作开展得较早，如在美国，科学家对滨海蓝碳进行了考察调研，基于其现状提出了相应的政策建议，用于湿地的保护与固碳功能修复。目前，在自愿碳交易市场，用于滨海湿地保护、恢复和重建的碳计量和信用工具也已经存在。国内的蓝碳交易始于2021年，随后我国在红树林蓝碳项目开发方面取得了显著进展。

一、国际红树林蓝碳项目

（一）肯尼亚 Mikoko Pamoja 项目

肯尼亚 Gazi 湾的 Mikoko Pamoja 项目是全球最早开展的进行蓝碳碳汇交易的试点项目，具有重要的里程碑意义。该项目于 2012 年开始启动，减缓了红树林砍伐、海平面上升和鱼类资源减少对依赖渔业的当地社区产生的负面影响。

Gazi 湾的红树林为当地的居民提供了建材、旅游和海岸带保护等生态服务，红树林中的鱼虾蟹类等水产品也为当地居民提供了 80% 的生计来源。Mikoko Pamoja 项目通过积极与 Gazi 和 Makongeni 社区合作，在 2012 年至 2017 年间种植了超过 10,000 棵红树，这些树苗由一个红树林苗圃提供，该苗圃的建立是为了培育从 Gazi 湾的其他地区收集的野生树苗。这个项目自成功实施到 2016 年，碳信用的年销售额为 12,000 美元，出售碳信用所得的收入全部用于项目执行和社区发展。项目所得的利润还被用以资助学校的

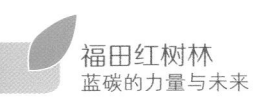

建设、购买书籍和安装水泵，来自陆地森林的木材也在项目场地附近进行了种植，用以替代红树林作为当地使用的建筑材料。最特别的是，这个项目还为当地妇女提供了就业的机会，让当地的女性通过这个项目获得额外的生计来源。项目支持了社区教育和健康，协同推进卫生、水资源和环境保护工作，使 5,400 名居民受益。此外，项目还通过生态旅游、养蜂和水产养殖等活动，为当地社区提供了替代生计。因此，Mikoko Pamoja 项目的成功还在于其对当地社区的积极影响，这已经成为全球蓝碳碳汇交易的典范，并且其模式正在被其他地方复制。

（二）中国湛江红树林碳交易项目

2020 年 6 月，自然资源部第三海洋研究所与广东湛江红树林国家级自然保护区管理局合作开发了湛江红树林核证碳减排项目，这是我国首个符合核证减排标准（VCS）和气候、社区和生物多样性（CCB）标准的碳汇项目。项目将保护区内 2015 年到 2020 年间种植的 380 公顷红树林遵照两个标准开发成蓝碳交易项目，预计在 2015 年至 2055 年间产生 16 万吨的二氧化碳减排量，平均每年减少二氧化碳排量 4,000 吨。北京市企业家环保基金会计划购买该项目签发的第一笔 5,880 吨二氧化碳减排量，交易所得收益 38.8 万元用于反哺红树林生态修复。这是我国首个以红树林为对象的碳汇交易项目，为我国蓝碳交易提供了实践范例。

二、国内红树林蓝碳项目

蓝碳交易的机制被认为是利用市场手段实现碳减排成本最低、效率最高的减缓气候变化的行动方案。它不仅能够通过市场解决碳资源的需求问题，还能为生态系统的增汇提供融资的渠道。因此，大多数的科学家都是支持将蓝碳纳入现有的碳交易体系，来刺激对沿海栖息地保护的投资的。蓝碳交易也是实现碳中和战略的重要途径，它为国家或企事业单位提供了一种经济上的激励，更灵活地鼓励其采取创新和可持续的发展模式，推动"低碳模式"的实际落地。而通过参与碳交易，国家或企事业单位也能够更加精确地衡量碳排放成本，促使其更积极地采取措施减少碳足迹。此外，蓝碳交易的兴起也有利于全球范围内对蓝碳生态系统的研究和关注，促进减缓全球气候变化的行动。

▲ 湛江红树林项目签约仪式（照片来源：自然资源部网站）

福田红树林碳汇拍卖

2023年9月5日，深圳正式发布全国首单红树林保护碳汇拍卖公告。根据拍卖公告，福田红树林自然保护区第一监测期（2010年1月1日—2020年1月1日，碳汇总量共38,745.44吨）内的3,875吨红树林保护碳汇量将于9月26日下午3时，在深圳公共资源交易平台上公开拍卖。拍卖起始单价为183元／吨，竞买保证金36万元整。产生的碳汇量为38,745.44吨，本次交易标的约为总量的十分之一。

2023年9月26日，依托该方法学，经过92轮激烈竞价，全国首单红树林保护碳汇以485元／吨的价格由深圳市家化美容品有限公司（现更名为深圳蓝碳家化科技有限责任公司）竞得，创下全国碳汇市场的最高单价。此次拍卖所得上缴深圳市财政，反哺红树林保护与修复。该蓝碳项目对积极推动社会资本参与红树林等重要自然资源生态产品价值实现，努力构建蓝碳交易机制、应用场景和全周期管理模式，拓宽绿水青山转化金山银山的路径，谱写人与自然和谐共生的美丽深圳具有重要意义。

深圳作为先行示范区，建立了蓝碳交易全周期管理模式。深圳与恩平市共同推动蓝碳交易，实现了蓝碳交易的深圳经验和标准在大湾区城市的复制与推广。2024年11月20日，蓝碳"深圳模式"全国推广第一单——恩

福田红树林
蓝碳的力量与未来

▲ 深圳市福田红树林自然保护区红树林保护碳汇拍卖公告（照片来源：深圳政府在线网）

▲ 深圳红树林保护碳汇项目签约仪式

平市镇海湾红树林保护碳汇以 336 元 / 吨由深圳市中成机电工程有限公司竞得，该笔交易成交总金额超 198 万元，创全国红树林保护碳汇单次拍卖金额新高。这种跨区域合作有助于打通蓝碳生态产品的价值转化和实现路径，探索蓝碳交易的互联互通。

综上，全球红树林蓝碳交易正在逐步推进，中国在这一领域走在前列，通过项目开发、政策制定和国际合作，积极探索蓝碳交易的有效路径，为全球碳中和目标的实现贡献力量。

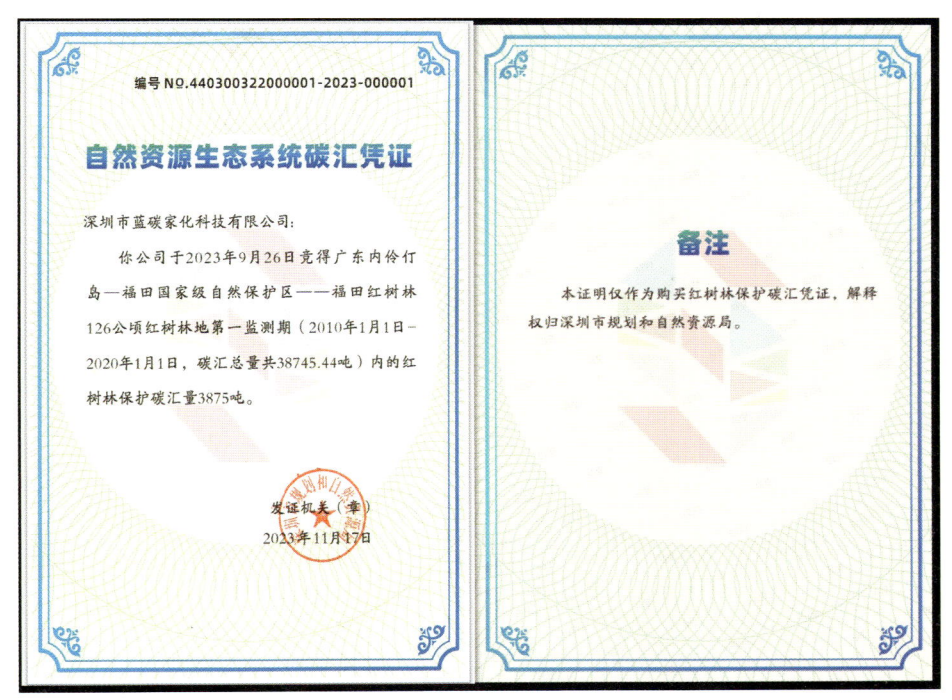

▲ 深圳红树林保护碳汇项目的碳汇凭证

第七章
碧海青林蕴宝珍——蓝碳与人

　　本章从"人与自然和谐共生"的视角出发，详细阐述了基于自然的解决方案的概念及评价标准；以福田红树林的"候鸟驿站"生态修复案例为切入点，生动展现了福田红树林在自然保育、生物多样性保护以及蓝碳与气候变暖减缓策略等方面所实施的基于自然的解决方案，充分彰显了福田红树林与城市可持续发展的有机融合，为生态保护与城市发展协同共进提供了有益借鉴。

福田红树林
蓝碳的力量与未来

福田红树林不仅是深圳市得天独厚的生态资源宝地，更是全国唯一处于城市腹地、面积最小的国家级自然保护区。近年来，深圳市政府始终坚持刚性系统保护的原则，积极践行"绿水青山就是金山银山"的理念，在深圳湾滨海片区开展了系列红树林湿地修复行动。这些行动不仅服务于越冬水鸟的栖息需求，同时也满足城市发展和市民的科普游览需求，通过基于自然的解决方案，系统恢复深圳湾滨海红树林湿地生态系统的结构与功能。

第一节　基于自然的气候解决方案

本节详细介绍基于自然的解决方案的概念、评价标准，以及红树林生态修复对气候变暖减缓策略的意义。

深圳市政府曾启动了一系列的红树林湿地修复行动，通过红树林湿地保护、可持续管理、种植修复等方式，稳定了湾区红树林面积，扭转了红树林生态功能逐渐退化的局面，为全球环境优化与可持续发展提供了具有广泛借鉴意义的经验，成为基于自然的解决方案（NbS）准则的最佳实践案例之一。

▶ 一、何谓 NbS？

（一）NbS 的概念和范畴

基于自然的解决方案（NbS）是协同生物多样性保护以及应对气候变化和可持续发展的举措，旨在提升生态系统的完整性和稳定性，扭转生物多样性丧失和环境退化局面，以提高 NbS 应对社会挑战的长期有效性。这一概念强调利用自然的力量和生态系统的服务来实现可持续发展目标，涵盖了从生态修复、灾害风险减缓到绿色基础设施等多个方面。NbS 的核心优势在于其能够带来环境、社会和经济效益的协同，如能够降低基础设施成本、创造就业机会、促进经济绿色增长以及提升人类健康水平等。保护和恢复红树林等生态系统，不仅可以增强海岸线的防灾减灾能力，还能提高渔业资源的可持续性，同时为生物多样性提供重要的栖息地。

2016年，世界自然保护联盟首次在全球范围内定义NbS为"保护、可持续管理和修复自然或改良生态系统的行动，能有效和适应性地应对社会挑战，同时提供人类福祉和生物多样性效益"。为实现将气温上升控制在2℃以内，到2030年采用NbS帮助各国完成30%以上的减排目标，越来越多的学者、政府及企业意识到NbS是应对全球气候变化和生物多样性丧失双重威胁的必要手段。

（二）NbS的衡量标准

世界自然保护联盟在2020年提出的NbS八大全球标准准则及28项指标，为NbS项目的实施提供了全球性的标准和指导，确保项目的科学性、合理性和包容性。这些准则和指标覆盖了从确保NbS项目解决具体的社会挑战、促进生物多样性保护，到考虑经济可行性、社会公正性以及长期可持续性等多个维度。

准则一：以NbS有效地解决社会挑战

NbS项目应针对并解决已知的人类社会挑战，这些挑战对某些社区或群体造成直接影响，或被认定为应优先处理的问题。项目应充分了解和记录解决人类社会挑战的原理，作为未来决策或问责的依据，并定期评估由NbS产生和提高的人类福祉。

准则二：根据不同层面和尺度来规划和设计NbS

NbS应根据识别的不同景观内生态系统的复杂性和不确定性进行规划，不仅从生物学和地理学的角度出发，还应着眼于经济、政策以及文化。成功的NbS需要理解和优化社区居民、经济和生态系统之间的交互关系，并考虑与其他措施和行业互补以及综合实施。

准则三：以NbS保护和提升生物多样性和生态系统的完整性

NbS措施和行动必须基于对生态系统当前状况的科学评估，避免损害生态系统的完整性，更应增强其功能性和联通性。对生物多样性的保护成果进行周期性的监测和评估，并监测和定期评估NbS可能造成的不利影响。

准则四：NbS的经济可行性

在规划以及实施阶段应充分考量实施NbS措施的经济和财政可行性，以确保该

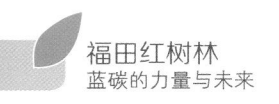

措施能够长期进行。必须清楚记录 NbS 措施的直接和非直接、财务和非财务收益以及成本,并进行成本效益研究以支持 NbS 的制定和实施。

准则五：NbS 应基于包容、透明和赋权的治理过程

NbS 干预措施应承认、回应各种利益相关方的关切,特别是权利所有者的关切并主动让他们参与决策过程。应向所有利益相关方提供参与识别、决策、监测、反馈以及申诉过程的机会。

准则六：NbS 能够促进首要目标和其他多种效益间的平衡

NbS 的实践者应承认这种权衡,并遵循公平、透明和包容的过程,在时间和地理空间上进行平衡和管理。必须明确 NbS 措施相关权衡的潜在成本和效益,并通告相关的保障措施和纠正措施。

准则七：NbS 将基于证据进行适应性管理

NbS 项目应以适应性管理来应对不确定性,合理有效地利用生态系统的复原力。适应性管理应根据定期监测和评估所获得的有效信息,主动对策略进行调整和改变,以降低相关风险,提高项目运行效率。

准则八：在适当的辖区范围内使 NbS 主流化并发挥其可持续性

应以长期可持续发展的视野来制定和实施 NbS,以此体现对利益相关方的长期负责,努力使 NbS 主流化。应分享和交流规划与实施 NbS 的经验教训,以此带来更多积极的改革行动,并以 NbS 促进政策和法规的完善,助力 NbS 的发展和主流化。

二、气候行动中的 NbS

NbS 的理论基础和实现途径几乎涵盖了目前所有的生态保护、修复的概念和方法。根据 NbS 须应对的社会挑战,可将 NbS 分为基于自然的水安全解决方案、基于自然的粮食安全解决方案、基于自然的人类健康解决方案、基于自然的防灾减灾解决方案、基于自然的气候解决方案等。在全球范围内,NbS 被广泛认为是应对气候变化和保护生物多样性的重要工具。在气候方案的内容和议题中,NbS 主要涉及：①生态系统的保护、恢复和可持续管理：NbS 通过保护、可持续管理和恢复自然或人工生态系统来减缓气候变化,同时帮助人类和野生生物适应气候变化的影响；②减排潜力：NbS 能够为实现《巴黎协定》目标贡献约 30% 的减排潜力,并带来巨大的环境和

社会经济的协同效益；③气候变化适应和减缓：NbS 在气候变化适应和减缓方面发挥着重要作用，尤其是在森林、湿地等生态系统中；④生物多样性保护：NbS 与"天人合一""道法自然"的哲理相通，可为生物多样性保护提供新的路径。

在全球范围内，NbS 已成为应对气候变化和保护生物多样性的关键策略。NbS 通过发挥自然的力量，促进环境的可持续性管理，同时增进人类的长远福祉。这一理念与中国传统文化中的"天人合一""道法自然"等哲学思想不谋而合，为中国实现碳达峰和碳中和目标提供了切实可行的路径。

NbS 支持红树林的自然恢复和人工修复，这可以增强这些生态系统的抵抗力和恢复力，使其更能适应气候变化、海平面上升和极端天气带来的影响。它还能维持红树林中的珍稀物种和生物多样性，为无数依赖红树林生存的动植物提供安全的栖息地。NbS 鼓励适应性管理方法，使红树林能够应对不断变化的环境条件，保持其生态服务功能的持续性。红树林作为绿色基础设施的一部分，通过 NbS 得到了加强，为城市和社区提供了更多的生态服务，如净化水质、提供休闲空间等。因此，通过 NbS，我们不仅

▲ 深圳福田红树林基围鱼塘和栖息的水鸟

▲ 深圳湾红树林外来种治理和红树林修复

能够保护和恢复自然生态系统，还能促进社会经济的绿色转型，实现人与自然和谐共生的美好愿景。

第二节　候鸟"驿站"的生态修复

本节将介绍福田红树林如何将人与自然和谐共生的理念融入生态修复工作，展示其在红树林生态修复中取得的显著成效，以及它如何成为深圳城市发展与自然保护相融合的典范。

蓝碳生态系统的修复不仅在碳汇交易中实现了其价值，更诠释了生态修复实践的重要性。红树林、海草床和滨海沼泽等蓝碳生态系统，不仅能够吸收大量的二氧化碳，还能为众多海洋生物提供栖息地，维持生物多样性。这些生态系统的服务功能是 NbS 实践的重要组成部分，它们在应对气候变化、保护生物多样性、保障水和食物安全等方面发挥着关键作用。

福田红树林生态系统主要由红树林植被群落、基围鱼塘养殖系统和潮间带滩涂共同构成，是深圳湾沿岸极具生态价值的红树林湿地。其生态修复工程不仅是对"人与自然和谐共生"理念的生动实践，更是这一理念在深圳的典范展现。

一、生态鱼塘的构建思路和成效

（一）缘起

回溯至 2006 年，深圳市政府采取了前瞻性的措施，回收了当地 1200 亩的鱼塘，并将其纳入了保护区的管理体系，作为水鸟高潮位的栖息地。然而，随着时间的推移，这些鱼塘在自然演替进程中逐渐淤积，水动力不足，原本的浅水区域被内陆湿地植物如芦苇等覆盖，塘内生境单一，周边地区也出现了高大乔木的自然生长，使得整个鱼塘像一个陷阱，基本丧失了水鸟栖息地的功能。这一自然演替过程尽管在丰富生物多样性方面发挥了积极作用，但与此同时，对迁徙候鸟的栖息地和觅食空间产生了严重的负面影响，干扰了它们的正常停歇，特别是在涨潮时，它们的栖息空间很有限。

为了解决这一问题，保护区管理机构深入研究，并借鉴了香港米埔自然保护区在鱼塘生态管理方面的成熟经验。2016 年以来，福田红树林保护区陆续对保护区内 2～6 号基围鱼塘、淡水塘以及避风塘等面积近 40 公顷的范围进行了系统的生境修复，目标是重建一个适宜候鸟生存、物种栖息的生态环境。通过这一系列的生态修复措施，福田红树林不仅恢复了其原有的生态功能，还提升了生物多样性，为候鸟提供了更加优质的栖息地，展现了人与自然和谐共生的美好图景。

▲ 福田红树林生态鱼塘改造后：白鹭成群

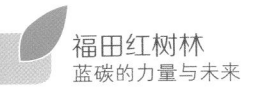

（二）措施

基围鱼塘，是人工打造的浅水养殖区，不仅是红树林生态的重要组成部分，也是沿海生态养殖的标杆。以香港米埔的基围虾塘为例，它们展示了与自然和谐共存的养殖模式。在福田红树林，这些鱼塘的主要功能是为水鸟提供理想的觅食和休憩场所。为了满足不同水鸟的习性和觅食需求，管理者在鱼塘中精心设计了大小不一、形状各异、坡度适中的独立浅滩，并对浅滩边缘进行微调，以营造适宜的水鸟栖息地，从而扩大了鸟类的觅食范围，为多种鸟类提供了理想的"休息站"。为了进一步丰富鸟类的食物来源，保护区还打通了基围鱼塘与外海的通道，并升级了水闸系统，实现了水位的精准调控和水质的自动化监测，为鸟类创造了更加优越的生态环境。

保护区的管理者们注意到，鸻鹬类水鸟偏爱低植被覆盖的裸露浅滩。芦苇作为湿地的主要植物，生长迅速且适应力强，容易在鱼塘滩涂和浅水区形成密集群落，侵占鸟类的栖息空间。因此，2021年，保护区启动了芦苇控制实验项目，以减少这些植物对鸟类活动空间的侵占。保护区尝试了多种措施，包括深挖根系、引入水牛啃食、撒播生石灰抑制生长，以及建立芦苇覆膜实验区等，有效控制了芦苇的生长，为水鸟提供了更多的活动空间。如今，芦苇的控制仍是一个难题，但通过后期精细化的日常管理，如候鸟期结束后，立即将芦苇割除，并及时淹水，使得芦苇茎中灌满水，因不能呼吸而减少萌发活性，同时整个塘内保持3～4个月的深水位，可有效控制芦苇的无限蔓延，保持塘内滩涂区面积稳定。经过改造和精细化管理的基围鱼塘，成为候鸟迁徙途中的豪华"驿站"。

此外，保护区还牵头实施了深圳湾红树林湿地生态修复工程，陆续在深圳湾东侧、大沙河口种植红树植物，最初选用无瓣海桑作为先锋树种，以适应滩涂环境并促进土壤淤积。无瓣海桑以其快速生长和强大的防风固岸能力，有效提升了滩涂的高程，改善了植树造林的环境，为本土红树植物的生长创造了有利条件。经过几年的自然生长，所有的无瓣海桑被人工移除，取而代之的是本土红树植物的种植。这一生态修复工程取得了显著成效，本土红树植物的成林效果令人满意，且在这些区域未发现无瓣海桑的踪迹，显示出了生态修复的成功和本土植物的适应性。

二、生态鱼塘的建设成效

深圳湾是东亚-澳大利西亚候鸟迁徙线的越冬地和中转站，每年有近十万只候鸟来这里越冬和过境。每年10月至次年5月，是深圳市民欣赏万鸟齐飞的黄金季节。为了给候鸟提供更舒适的栖息环境，早在2016年保护区开展鱼塘生境修复工作时，就在为候鸟建"五星级酒店"，特别是在涨潮时，为它们构筑起理想的栖息之所，让水鸟在深圳湾过上了幸福生活。

保护区根据水鸟的生态习性，包括水鸟肢体形态、脚的长短、觅食需求等特点，通过精准的生态工程手段，构建了大小、形状、坡度多样化的小型独立浅滩，并对浅滩的边缘轮廓进行优化处理，使其成为水鸟理想的栖息和觅食场所，显著增加了鸟类的有效觅食区域。这种精细化的改造，将传统基围修复为越冬水鸟的栖息觅食地，营造了适宜涉禽、游禽及鸻鹬类等多种鸟类栖息的生境，解决了深圳湾涨潮时水鸟无落脚地的问题。同时，鱼塘的水闸具备精准调控水位、自动化水质监测等功能，为秋冬季节候鸟来临提供了生境的精细化管理，打造出能够满足多种鸟类生态需求的栖息"驿站"。

鸻鹬类水鸟偏好于红树林湿地中植被覆盖度较低、具有较大面积裸露

▼ 在福田红树林生态鱼塘的潮滩上摄食的鸻鹬类水鸟

福田红树林
蓝碳的力量与未来

▲ 在福田红树林生态鱼塘栖息的雁鸭类

泥滩的浅水生境。芦苇是湿地环境中生长的主要植物之一，繁殖能力强，易快速形成连片的芦苇群落。生长过于茂盛的芦苇会侵占光滩面积，减少鸟儿的活动与觅食空间，不利于鸟儿的起飞降落，给鸟儿带来生存焦虑。对此，保护区还将同步启动基围鱼塘芦苇防治研究工作，给鸟儿提供良好的觅食与活动空间。这些措施中还包括将水牛引入控制芦苇生长的实验。这是保护区借鉴香港米埔自然保护区的管理经验开展的一项尝试，其目的在于借助水牛对芦苇的依赖关系来维持生态系统的自然平衡，并利用水牛对塘底的踩踏和翻滚行为促进保护区生物多样性的优化与提升。

生态鱼塘改造后，鸟类栖息生境得到大幅度改善，整体湿地水域面积增加了15%，塘内的裸滩和浅水面积大幅提升，为鸟类提供了更广阔的栖息和觅食空间。2017年，3号和4号鱼塘完成改造，当年的候鸟季监测到的鸟类种群和数量大幅上升，单次监测纪录最大数量超6,000只，单日观测到黑脸琵鹭超过90只。2022年以来，2~6号鱼塘的生境修复全部完成，加上创新安装智能水闸管理系统，使得基围鱼塘的水位调控和生物交换更加精准便捷。改造后的鱼塘水鸟种群和数量均得到明显增加，候鸟栖息地的生态承载力大幅提升，鱼塘内过夜的黑脸琵鹭数量超过150只，创近年纪录。自 2023 年 4 月份以来，保护区 2 号、3 号、4 号鱼塘首次记录到黑翅长脚鹬、金眶鸻、彩鹬成功繁殖育雏，数量已超过 50 窝，特别是 2024 年首次记录到带香港环志的彩鹬在 3～4 号鱼塘育雏现象，进一步说明了这块湿地对深港两地同等重要，其也成为跨境联合保护的成功案例之一；2024 年 9 月，在保护区 2 号鱼塘首次记录到十多只大滨鹬集群的现象，这充分显示了保护区管理工作的成效显著。

此外，福田红树林保护区建立了智慧管理系统，实现了保护区内的全貌可视化，使得物种类别、物种分布等信息得以清晰呈现，大大提高了保护区的管理效率和监测能力，从而能够更为有效地保护生态系统的完整性和稳定性。借助智慧管理系统，科研监测工作得以更精准地推进，为生态保护和修复提供了科学的决策依据，有助于管理部门制定更加有效的保护策略和措施，进一步推动生态保护工作的深入开展。

▼ 在福田红树林生态鱼塘觅食的黑脸琵鹭

福田红树林
蓝碳的力量与未来

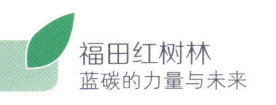

第三节　福田红树林与城市可持续发展

本节将聚焦福田红树林在城市发展中发挥的重要作用，具体体现于其在蓝碳和气候减缓策略、鸟类迁飞生境保护方面的作用，同时，还涉及其作为科普教育平台、生态观光旅游目的地在人文科教领域所具备重要的价值等。

自改革开放以来，深圳迅速崛起，如今已蜕变为经济繁荣、充满活力的国际化大都市。在城市飞速发展的背后，福田红树林承载了城市的生态重任，发挥了不可忽视的重要作用。福田红树林在城市发展中扮演着多重重要角色，其价值不仅体现在生态层面，还深入人文科教领域。

一、蓝碳和气候减缓策略

城市的繁荣伴随着大量的废气排放，而福田红树林则在城市的生态屏障中扮演关键角色。研究表明，红树林能有效吸收空气中的有害气体，如二氧化硫、一氧化碳等，起到净化空气的作用。福田红树林的庞大树冠、密集的树干，为城市提供了一个天然的空气过滤器。根据深圳市环境保护部门的数据，福田红树林每年为城市净化的废气量相当于成千上万台小型汽车的排放量。这不仅改善了城市空气质量，更为城市的碳中和贡献了实实在在的力量。2016年，科学家应用了《滨海蓝碳——红树林、盐沼、海草床碳储量和碳排放因子评估方法》一书中的实地调查和定位观测方法，研究发现，在福田，每100公顷红树林，每年能从大气中吸收将近4,000吨的二氧化碳，极大地减轻了城市碳排放的负担。以每吨碳排放的市场价值计算，福田红树林创造的碳汇价值可达485元。

二、鸟类迁飞生境保护

福田红树林在鸟类迁飞生境保护方面展现出卓越的生态功能。据长期监测数据，福田红树林区域记录到的鸟类种类超过270种，包括黑脸琵鹭、小青脚鹬、东方白鹳等多种珍稀濒危鸟类。在候鸟迁徙季，近10万只候鸟在此越冬，单次监测纪录最大数量超 20,000 只，单日观测到黑脸琵鹭超过 150 只，这里已成为黑脸琵鹭重要的越冬地。福田红树林的面积虽然有限，但单位面积内鸟类的聚集度极高，每平方公里的潮间带大约能提供数千只鸟类食用的鱼虾蟹贝类。同时，红树林植被的覆盖度超过 90%，为鸟类营造了安全稳定的栖息空间，林前滩涂可容纳大量鸟类觅食和栖息，其完善的生态系统有效地保障了鸟类迁飞途中的食物补给需求。福田红树林湿地成为候鸟迁飞途中的重要栖息地和能量补给站。

三、科普教育平台

福田红树林不仅是城市的生态名片，更是一个重要的科普教育平台。多样的生态系统、独特的物种组成，为城市居民提供了身临其境的自然教室。多年来，福田红树林保护区在科普教育方面取得了显著成效。保护区不断完善科普教育设施，修建了红树林科普教育径、红树书吧、观鸟长廊等，并改造了观鸟船、自然教室，完善了保护区内科普标识牌等，以增强群众对生态保护的体验感和获得感。此外，保护区与福田区教育局、科学技术协会、红树林基金会及中小学校等单位合作，开展了形式多样的自然科普教育活动，如"保护区进校园，校园进保护区"双向服务自然教育活

▼ 福田红树林的自然教育

福田红树林
蓝碳的力量与未来

▲ 福田红树林的慢直播
（上："央视频"直播；下：鸟类识别与监测系统，绿框可显示物种名称。）

动。目前,保护区设有红树讲堂、中小学生自然课堂、走进海上森林、探秘鸟儿乐园等多种形式的自然教育活动,已有200多所中小学校、超过2万名中小学生参与其中。

为了进一步提升公众的参与度,保护区积极开展线上线下科普宣传活动。在线下,保护区借助世界湿地日、世界地球日、爱鸟周等重大节日,开展红树林、鸟类、湿地方面的主题宣传活动。在线上,保护区充分利用微信公众号、央视频"秘境之眼"、视频号等新媒体平台,积极开展线上科普宣传活动,3年来有80多篇推文被"学习强国"转载。2020年,福田红树林保护区实现了24小时直播,成为广东省第一个登录央视频"秘境之眼"栏目的保护区,每年观看人次超10万。

保护区还不断完善讲解和志愿者服务体系。近年来,保护区引入多家NGO组织,共同培养了一批批红树林志愿者,目前稳定服务的红树林志愿者有100余人,兼职自然导师30余人,常年在红树林开展科普教育活动,满足公众日益增长的科普导览需求。这些活动为城市居民提供了近距离接触自然、了解生态平衡的机会,促使他们更加关注自然环境,形成保护生态的意识。

福田红树林的独特景观也使其成为生态观光旅游的热门胜地。深圳市政府投资建设了深圳湾公园、福田红树林生态公园,吸引了大量游客前来参观。这不仅促进了城市旅游业的发展,也为红树林的保护筹集了资金。同时,生态旅游也成为一个重要的人文科教平台,通过解说员的讲解,游客能够深入了解红树林的形成、演变,以及对城市生态平衡的作用。这种有趣而富有教育性的旅游方式,不仅让游客体验到大自然的奇妙,也提升了城市居民的环保意识。

自2006年,深圳湾公园、福田红树林保护区以及福田红树林生态公园已经接待游客超千万人次。在深圳湾公园,除了有定期的观鸟观红树的教育活动外,市民也会自发地前往此地,观鸟、拍鸟、观红树、赏碧海蓝天的美景,享受城市喧嚣中的宁静。在福田红树林生态公园,每月都有"深圳湾的小钥匙""打绿怪""周四定点观鸟"活动。在福田红树林保护区,每月开展"走进海上森林""探访鸟儿乐园""探秘潮间带"等活动,将环境保育和公园场域相结合,推动公众滨海湿地保护意识的提高,发展滨海湿地保护的支持者群,并通过线上直播、云课堂等现代技术,打破保护区的人员和地域限制,每年直接服务中小学生等公众超过20万人。

第八章
鹏程蓝碳缔纽带——
红树林国际合作

本章介绍了深圳作为国际合作的窗口，向世界展现了中国在红树林保护和修复中的努力，并通过国际红树林中心推动红树林保护的全球联合行动，提升红树林生态系统质量和稳定性，给世界人民带来更多福祉。

福田红树林
蓝碳的力量与未来

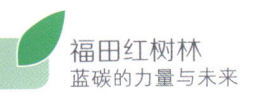

第一节　从福田到全球红树林

本节将聚焦深圳成立国际红树林中心的意义，展现福田红树林作为深圳城市发展的鲜活见证载体，在推动红树林全球合作方面所具有的深远价值。

2022年11月，习近平总书记在《湿地公约》第十四届缔约方大会开幕式上倡议，在深圳建立"国际红树林中心"，该倡议得到国际社会广泛认可和大力支持。

2023年9月，《湿地公约》第六十二次常委会审议通过"关于在深圳建立国际红树林中心"的区域动议提案，全球首个国际红树林中心正式落户深圳。

2024年11月6日，国际红树林中心成立协定在深圳正式签署，首批18个成员国代表共同签署协定并为国际红树林中心揭牌。

▲ 国际红树林中心成立的签约仪式（图片来源：国际红树林中心）

一、国际红树林中心的成立背景

在当今时代，随着全球生态保护意识的不断觉醒，红树林保护以及滨海蓝碳生态系统的构建已成为国际社会关注的核心要点，"蓝碳"理念深入人心。它作为一种切实可行的红树林保护融资途径，逐渐赢得了世界各国的广泛接纳与支持。推动构建人与自然和谐共生的地球家园，是联合国环境规划署和世界自然保护联盟等机构的核心目标之一。诸多国际知名组织，例如《湿地公约》组织和世界自然保护联盟等，都积极投身探索红树林生态价值的前沿阵地，深入挖掘其在碳汇储备、生物多样性维系以及海岸带生态屏障构筑等方面的关键效能，力求在全球气候行动中充分发挥其独特作用。

国际红树林中心正是在这样充满机遇与挑战的时代背景下应运而生。它将推动全球红树林保护事业朝着可持续方向稳步迈进，成为促进各国在蓝碳领域展开深入且富有成效的合作交流方面不可或缺的桥梁与纽带；另外，它还将协调全球气候行动中各类资源的优化整合，在提升公众对红树林生态系统重要地位和价值的认知水平等关键任务上，发挥至关重要的枢纽作用。国际红树林中心将以实现联合国可持续发展目标（Sustainable Development Goals, SDGs），特别是与气候行动、生物多样性保护和生态系统服务相关的目标为引导，为筑牢地球生态安全防线注入强劲动力，致力于推动全球红树林的保护、修复和合理利用，引领全球生态保护事业迈向新的高度，开创人与自然和谐共处的美好未来新格局。

我国是全球生态文明建设的重要参与者、贡献者、引领者，红树林保护成效显著。21世纪以来，中国红树林面积增长近38%，是世界上少数红树林面积净增加的国家之一。2022年11月，习近平总书记在《湿地公约》第十四届缔约方大会开幕式上提出在深圳建立"国际红树林中心"的倡议，得到了国际社会的广泛认可和大力支持。各地因地制宜探索保护模式，为全球贡献成功的红树林保护中国方案。与此同时，国家林业和草原局与深圳市不断深化对红树林这一宝贵自然资源的认知和尊重，以高度的政治责任感和使命感全力推进国际红树林中心各项建设任务，包括举办高级别论坛、国际研讨会、培训班，开展互访交流活动等，全面加强国际合作，凝聚共识，争取广泛的认同和支持。

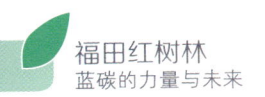

二、国际红树林中心的目标

国际红树林中心是独立运行、非营利的政府间国际机构，面向《湿地公约》缔约方和其他有红树林分布的非缔约方国家开放。它也是一个开放包容、共建共享、合作共赢的红树林和滨海蓝碳生态系统国际合作机制，全球红树林学者、政策制定者都能在这里共商保护红树林的对策，分享想法和经验。国际红树林中心的成立获得了国际社会的广泛认同，18个成员国代表共同签署中心成立协定，预示着全球红树林保护工作翻开了新篇章。

国际红树林中心致力于推动全球红树林的保护、修复和合理利用，促进国际合作和联合行动，为全球可持续发展注入新动力。它不仅将全球红树林保护事业推向新的高度，也为完善全球环境治理体系做出了积极贡献。同时，国际红树林中心还致力于打造人才培养的沃土，吸引全球杰出人才，推动红树林湿地保护和可持续发展领域的国际人才交流。通过组织研讨班、培训班等活动，国际红树林中心为全球红树林保护和修复的能力建设提供了坚实的平台，促进了知识与经验的交流共享。此外，国际红树林中心还积极拓展社会资金和力量的参与渠道，整合财政资金和社会资本，共同投入湿地生态保护事业，为红树林保护提供了更加坚实的支持。

因此，国际红树林中心的成立不仅是对全球红树林保护事业的有力推动，也彰显了深圳在全球生态保护领域的领导力。这一平台将使全球红树

▲ 国际红树林中心举办的培训

林保护事业受到更广泛的关注，并促进更有效的国际合作。中国将以国际红树林中心为平台，肩负起贡献中国力量、推动红树林保护全球联合行动的使命。

▶ 三、红树林保护，深圳在行动

深圳，这座具有 1,700 万人口的国际大都市，在湿地保护、红树林修复以及人与自然和谐共生的实践中，展现出了卓越的示范引领作用。作为现代化都市发展的前沿阵地，深圳在城市高速扩张与经济腾飞的进程中，并未忽视生态环境的重要性，反而将湿地保护置于城市规划的关键位置，尤其是福田红树林区域，通过科学规划与精准施策，积极开展红树林修复工程，运用先进的生态技术和管理理念，恢复红树林的生态功能与生物多样性，打造出一片片城市中的绿色生态空间，不仅为珍稀动植物提供了栖息繁衍之所，也为市民营造了亲近自然的休闲场所，成为全球城市在追求可持续发展、实现人与自然和谐共生道路上的杰出典范，向世界传递着生态与发展共进的希望之光。

深圳，汇聚了国内外先进的红树林保护理念，倡导人与自然和谐共生，而且在科学观测和生态监测方面也走在了前列。早在 1993 年，福田红树林就在林区建立固定样地，开展红树林科学观测和生态监测。2014 年，福田红树林率先开展红树林蓝碳监测，十多年来，已陆续建成覆盖全区的地面蓝碳监测系统，构建涡度塔开展碳通量监测，为蓝碳研究提供了翔实的数

▼ 深圳红树林之城

据支持。这些高科技设施的应用，也使得福田红树林的碳储量和生态质量状况得到了更加精准的监测和管理，并在蓝碳交易领域迈出了里程碑式的一步。2023年9月，深圳成功完成了全国首单红树林保护碳汇拍卖，以每吨485元的价格刷新了全国碳市场的最高价格，成为展示深圳市践行"两山"理念、创新生态产品价值实现路径的"深蓝样本"。

深圳，更是生物多样性保育和研究的重要基地。福田保护区借助了慢直播摄像头技术，通过4K高清全景摄像机视频监控设备和云台摄像机，实现了福田红树林生物在线直播和全天候实时在线监测。市民和研究人员可以通过手机端在央视频"秘境之眼"关注红树林的鸟类活动，这种慢直播的方式不仅让市民能够足不出户欣赏到红树林的自然生物，也为生物多样性的保育和研究提供了便利。通过这些先进的技术和设备，福田红树林展现了年轻城市与自然融合的理念，凸显了我国生态文明建设的深远意义。

▼ 霞光中的福田红树林

第二节 红树林保护的时光机

本节讲述福田红树林的生态故事，呈现了深圳这座现代化都市与自然和谐共处的生动范例，见证了人类从生态意识觉醒到保护实践的历史进程。

从1984年创建到1988年成为国家级自然保护区，福田红树林经历了从平静到被城市发展冲击，再到逐步恢复和提升的过程。随着深圳的快速发展，城市化进程对红树林构成了巨大挑战。

1984年，福田红树林保护区正式创建时，总面积有304公顷。当时只

有一条老路通到保护区，当地的渔民在这里利用沿袭下来的基围鱼塘养鱼，鱼塘外就是大片大片的天然红树林、果园和其他天然林。如今，渔民早已离开，鱼塘却仍旧留在了这里，成为水鸟栖息捕食的天堂。在保护区成立之初，填海造陆、工业及生活污水排放等问题严重威胁着红树林的生存。然而，深圳通过立法保护、污水治理、生态修复等措施，努力平衡城市发展与生态保护的关系，使得红树林得以在深圳湾这片繁华都市中存续。如今，红树是深圳的"市树"，几乎每个深圳市民心中，都有一片属于自己的"红树林"。

在这个过程中，深圳人对红树林的认识不断深化，相关保护措施也日益加强。近10年来，深圳红树林面积显著增加，并由此带动生物多样性的恢复和丰富，"明星物种"和国家级保护动物越来越多。最多时曾有180种鸟类栖息在福田红树林，其中包括多种国际、国内重点保护的珍稀品种。红树林的存在，在维持生物多样性、保护海岸线、净化水质等方面发挥了不可替代的作用。这离不开深圳在经济高速发展的同时，不断加大力度开展红树林湿地保护与修复。

行而不辍，未来可期。

如今的深圳，一边是青林碧海、鱼跃浅滩、鸥鹭翔集；一边是摩天大楼、车水马龙、游人如织，一半自然一半繁华，充分彰显了人与自然和谐共生的生态文明理念。

福田红树林就如同一台时光机，记录着深圳这座城市与红树林共生共荣的历程，见证了40多年间深圳人对红树林保护与发展关系的探索和实践。红树林的根深植于潮间带，见证了深圳从一个小渔村到国际大都市的华丽转变，也记录了人类与自然相互依存、共生共荣的历史篇章。

第三节　蓝碳、气候、社区的全球联动

人类有能力改变红树林的未来，从保护现存的红树林到修复受损的生态系统，我们的每一个行动都在塑造着这些珍贵的蓝碳资源。

2024年5月22日"国际生物多样性日"，世界自然保护联盟发布了《生

态系统红色名录》，首次评估全球红树林现状，揭示：50% 的红树林生态系统单元面临崩溃的风险，近 20% (19.6%) 的红树林处于高风险，被列为濒危或极度濒危。水产养殖、油棕种植和水稻种植合计占 2000 年至 2020 年红树林损失的 43%。受气候变化、沉积物移动和海平面上升的影响，自然退缩也对红树林区域产生了重大影响。区域细分凸显了非常多样的变化模式，人类影响在非洲、亚洲、北美洲和中美洲的变化中占主导地位。

全球 40% 的红树林位于保护地内。在深圳，城市保护地让人们有机会在城镇和城市接触红树林。未来，红树林的保护将更加注重科学指导和社区参与。全球红树林联盟等组织正促进科学与理解的进步、推动合作与信息共享、发展实际管理干预措施，以及创新政策、法律和金融工具，以确保红树林生态系统拥有更美好的未来。通过提高红树林覆盖率、恢复退化的红树林，以及加强红树林与其他生态系统的联系，我们可以期待红树林在应对气候变化、保障粮食安全和促进可持续发展方面发挥更大的作用。红树林的未来还涉及将生态优势转化为经济优势，通过蓝碳交易等机制，让红树林的保护和修复工作能够自我维持和持续产出，推动生态保护、社区发展和经济效益的协同增效。随着全球对红树林价值认识的深入，我们有望看到更多的国际合作项目和社区参与，共同推动红树林的保护和可持续利用，为减缓全球气候变化和保护生物多样性做出积极贡献。

红树林对于我们应对气候变化至关重要，既可以通过碳储存和固存减缓变化，也可以通过提供更多的本地惠益帮助我们适应已经来不及避免的变化。红树林发挥的这些多重作用带来了大量的筹资机会：从碳融资到复原力信用额度、生物多样性信用额度和保险——红树林的投资机会似乎无穷无尽。

作为共谋红树林保护与合理利用、共促红树林交流与国际合作的重要平台和窗口，国际红树林中心将建立健全开放包容、共建共享、合作共赢的红树林和滨海蓝碳生态系统国际合作机制，推动全球红树林保护事业迈向新高度，为落实《联合国 2030 年可持续发展议程》目标、推动构建人与自然和谐共生的地球家园做出积极贡献。

结　语

一座城、一片林和一个可持续的未来

从深圳河到珠江口，福田红树林恰似时光机，是历史的记录者，亦是连接着过去与未来、自然与文明的纽带，它时时提醒我们：无论城市化的脚步多么迅速，都不能忘却与自然和谐共存的使命。

福田红树林不仅仅是一片生态绿洲，更是深圳人心中的一方净土，承载着对未来美好生活的憧憬和与自然和谐共存的向往，象征着对和谐共生理想的不懈追求，寄托着对环境的尊重和保护，寄托着对可持续发展的承诺，也寄托着对后代子孙能够享有清洁空气和清澈水源的希望。

参考文献

Bunting P, Rosenqvist A, Hilarides L, et al. Global mangrove extent change 1996–2020: global Mangrove Watch Version 3.0 [J]. Remote Sensing, 2022, 14(15): 3657.

Davidson N C, Finlayson M. Updating global coastal wetland areas presented in Davidson and Finlayson (2018) [J]. Marine and Freshwater Research, 2019, 70(8): 1195-1200.

Davis J L, Currin C A, O'Brien C, et al. Living shorelines: coastal resilience with a blue carbon benefit [J]. PLoS ONE, 2019, 10(11): e0142595.

Joshi H G, Ghose M. Forest structure and species distribution along soil salinity and pH gradient in mangrove swamps of the Sundarbans[J]. Tropical Ecology, 44:197-206.

Krauss K W, Osland M J. Tropical cyclones and the organization of mangrove forests: a review [J]. Annals of Botany, 2020, 125: 213-234.

Lunstrum A, Chen L. Soil carbon stocks and accumulation in young mangrove forests[J]. Soil Biology and Biochemistry, 2014, 75: 223-232.

McKee K L, Cahoon D R, Feller I C. Caribbean mangroves adjust to rising sea level through biotic controls on change in soil elevation [J]. Global Ecology and Biogeography, 2007, 16(5): 545-556.

Mclvor A L, Möller I, Spencer T, et al. Reduction of wind and swell waves by mangroves[R]. Cambridge, The United Kingdom: The Nature Conservancy and Wetlands International, 2012.

McKenzie L J, Nordlund L M, Jones B L H, et al. The global distribution of seagrass meadows [J]. Environmental Research Letters, 2020, 15(7): 074041.

Jia M, Wang I, Mao D, et al. Mapping global distribution of mangrove forests at 10-m resolution[J]. Science Bulletin, 2023, 68(12): 130b-131b.

Ren H, Lu H F, Shen W J,et al. *Sonneratia apetala* Buch.Ham in the mangrove ecosystems of China: an invasive species or restoration species?[J]. Ecological Engineering, 2009, 35(8): 1243-1248.

Worthington T A, Spalding M, Landis E, et al. The distribution of global tidal marshes from Earth observation data[J]. Global Ecology and Biogeography, 2023, 33(8): 1.

曾聪, 范航清. 红树植物银叶树果实和种子的形态结构研究 [J]. 广西科学, 2006(2):147-150.

曾江宁, 韩广轩, 等, 陆海拉链: 滨海湿地 [M]. 北京: 中国林业出版社, 2022.

陈鹭真, 杨盛昌, 林光辉. 全球变化下的中国红树林 [M]. 厦门: 厦门大学出版社, 2021.

陈鹭真, 钟才荣, 陈松, 等. 海口湿地·红树林篇 [M]. 厦门: 厦门大学出版社, 2019.

陈权, 马克明. 红树林生物入侵研究概况与趋势 [J]. 植物生态学报, 2015, 39(3):283-299.

陈玉军, 廖宝文, 李玫, 等. 无瓣海桑和秋茄人工林的减风效应 [J]. 应用生态学报, 2012, 23(4):959-964.

丁冬静, 廖宝文, 管伟, 等. 东寨港红树林自然保护区滨海湿地生态系统服务价值评估 [J]. 生态科学, 2016, 35(6):182-190.

关霞, 陈卫, 战永佳, 等. 金眶鸻巢址选择的研究 [J]. 湿地科学, 2008(3):405-410.

郭乐东, 黄芳芳, 张卫强, 等. 银叶树群落优势树种分布与土壤环境、群落竞争的关系研究 [J]. 生态环境学报, 2019, 28(10):1951-1960.

桓清柳, 庞仁松, 周秋伶, 等. 深圳近岸海域氮、磷营养盐变化趋势及其与赤潮发生的关系 [J]. 海洋环境科学, 2016, 35(6):908-914.

简曙光, 韦强, 唐恬, 等. 深圳盐灶银叶树种群的生物学特性研究 [J]. 华南农业大学学报, 2005(4):84-87,91.

姜刘志, 李常诚, 杨道运, 等. 福田红树林自然保护区生态环境现状及保护对策研究 [J]. 环境科学与管理, 2017, 42(11):152-155.

李玫, 田广红, 邱凤英, 等. 珠海淇澳岛的杨叶肖槿引种育苗试验 [J]. 防护林科技, 2010(4):12-14.

李庆芳, 章家恩, 刘金苓, 等. 红树林生态系统服务功能研究综述 [J]. 生态科学, 2006(5):472-475.

李志刚, 徐华林, 李军, 等. 深圳福田红树林生态系统昆虫群落多样性调查 [J]. 中国森林病虫, 2016, 35(6):27-31.

林鹏，傅勤．中国红树林环境生态及经济利用 [M]．北京：高等教育出版社，1995．

林鹏．中国红树林生态系 [M]．北京：科学出版社，1977．

林鹏．中国红树林湿地与生态工程的几个问题 [J]．中国工程科学，2003(6):33-38．

刘莉娜，陈里娥，韦萍萍，等．深圳福田红树林自然保护区的生态问题及修复对策研究 [J]．海洋技术，2013, 32(2):125-132．

卢学理，王新财，黄志荣，等．广东福田红树林自然保护区的哺乳动物多样性 [J]．广东林业科技，2015, 31(4):10-16．

欧阳艺宁，陈曦，王琦，等．热带和温带地区豹猫的活动规律差异性研究 [J]．陕西理工大学学报 (自然科学版)，2023, 39(5):65-71．

彭聪姣，钱家炜，郭旭东，等．深圳福田红树林植被碳储量和净初级生产力 [J]．应用生态学报，2016, 27(7):2059-2065．

彭友贵，徐正春，刘敏超．外来红树植物无瓣海桑引种及其生态影响 [J]．生态学报，2012,32(7):2259-2270．

邱凤英，廖宝文，肖复明．半红树植物杨叶肖槿幼苗耐盐性研究 [J]．林业科学研究，2011, 24(1):51-55．

邱致刚，杨希，于凌云，等．城市化影响下红树林的生态问题与保护对策：以深圳福田为例 [J]．湿地科学与管理，2019, 15(3):31-34．

覃海宁，杨永，董仕勇，等．中国高等植物受威胁物种名录 [J]．生物多样性，2017, 25(7):696-744．

谭文娟，曾佳丽，李晨岚，等．深圳湾福田红树林区小型底栖动物群落特征分析 [J]．厦门大学学报 (自然科学版)，2017, 56(6):859-865．

仝川，罗敏，陈鹭真，等．滨海蓝碳湿地碳汇速率测定方法及中国的研究现状和挑战 [J]．生态学报，2023, 43(17):6937-6950．

王朝斌，黄燕，董鑫，等．彩鹬繁殖期行为谱及 PAE 编码系统 [J]．四川动物，2017, 36(4):412-419．

王法明，唐剑武，叶思源，等．中国滨海湿地的蓝色碳汇功能及碳中和对策 [J]．中国科学院院刊，2021, 36(3):241-251．

王淼强．深圳湾红树林虫害及防治技术研究进展 [J]．绿色科技，2017(15):211-212．

王文卿，陈琼．南方滨海耐盐植物资源 [M]．厦门：厦门大学出版社，2013．

王文卿，石建斌，陈鹭真，等．中国红树林湿地保护与恢复战略研究 [M]．北京：中国环境出版社，2021．

王秀君，章海波，韩广轩．中国海岸带及近海碳循环与蓝碳潜力 [J]．中国科学院院刊，

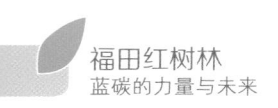

2016, 31(10):1218-1225.

吴振斌, 贺锋, 付贵萍, 等. 深圳湾浮游生物和底栖动物现状调查研究[J]. 海洋科学, 2002(8):58-64.

张宏达, 陈桂珠, 刘治平, 等. 深圳福田红树林湿地生态系统研究[M]. 广州: 广东科技出版社, 1998.

郑梓琼, 唐以杰, 戚诗婷, 等. 深圳福田红树林大型底栖动物多样性研究[J]. 湿地科学与管理, 2020, 16(3):69-73.